FORSCHUNGSBERICHTE
DES WIRTSCHAFTS- UND VERKEHRSMINISTERIUMS
NORDRHEIN-WESTFALEN

Herausgegeben von Staatssekretär Prof. Dr. h. c. Dr. E. h. Leo Brandt

Nr. 671

Prof. Dr.-Ing. Herwart Opitz
Dr.-Ing. Rolf Piekenbrink
Dipl.-Ing. Kurt Honrath

Laboratorium für Werkzeugmaschinen und Betriebslehre
der Technischen Hochschule Aachen

Untersuchungen an Werkzeugmaschinenelementen

Als Manuskript gedruckt

Springer Fachmedien Wiesbaden GmbH

1959

ISBN 978-3-663-19941-0   ISBN 978-3-663-20286-8 (eBook)
DOI 10.1007/978-3-663-20286-8

Forschungsberichte des Wirtschafts- und Verkehrsministeriums Nordrhein-Westfalen

G l i e d e r u n g

1. Einleitung . . . . S. 5
2. Wechselkräfte und Schwingungen beim Fräsvorgang . . . . S. 6
   2.01 Schnittkraftverlauf beim Fräsen . . . . S. 6
   2.02 Einfluß der Torsionsschwingung auf die Standzeit . . . . S. 21
   2.03 Einfluß der Schwingung auf die Oberflächengüte . . . . . S. 23
   2.04 Einfluß selbsterregter Schwingungen . . . . S. 23
   2.05 Einfluß der erzwungenen Schwingungen . . . . S. 27
   2.06 Torsionsschwingungsverhalten der Fräs-
        spindelantriebe . . . . S. 29
   2.07 Ermittlung der möglichen Erregerfrequenzen . . . . S. 29
   2.08 Möglichkeiten für die Lage der Eigen-
        frequenzen des Antriebes . . . . S. 33
   2.09 Abhängigkeit der Torsionsschwingung von den
        Einstellgrößen und Schnittbedingungen . . . . S. 35
   2.10 Ungleichförmigkeiten der Drehbewegung . . . . S. 36
   2.11 Zusammenfassung . . . . S. 37
3. Werkzeugmaschinenspindeln und deren Lagerungen . . . . S. 38
   3.01 Starrheitsgrad einer Spindel und ihrer
        Lagerung . . . . S. 41
   3.02 Experimentelle Ermittlung der Verformung . . . . S. 43
   3.03 Spindelsteifigkeit . . . . S. 44
   3.04 Starrheit der Lagerstellen . . . . S. 46
   3.05 Spindel als Biegebalken auf elastischen
        Stützen . . . . S. 49
   3.06 Einfluß der Zahnkraft am Bodenrad einer
        Drehbankspindel auf die Verformung . . . . S. 53
   3.07 Messung der Verformung bei Belastung
        durch ein Drehmoment . . . . S. 54
   3.08 Wälzlageruntersuchungen . . . . S. 54
   3.09 Einfluß der Vorspannung . . . . S. 60
   3.10 Zusammenfassung . . . . S. 66
4. Zusammenfassung . . . . S. 67
   Literaturverzeichnis . . . . S. 68

Forschungsberichte des Wirtschafts- und Verkehrsministeriums Nordrhein-Westfalen

1. Einleitung

Das Versuchsprogramm umfaßt Untersuchungen über das Verhalten von Elementen im Kraftfluß der Werkzeugmaschinen unter statischer und dynamischer Last. Ausgehend von der Tatsache, daß die Relativbewegung zwischen Werkzeug und Werkstück allein maßgebend für die Qualität der Werkstücke und die Standzeitminderung der Werkzeuge ist, wurde die Verformung an dieser Stelle statisch und dynamisch gemessen und dann auf die einzelnen Elemente im Kraftfluß anteilmäßig aufgeteilt. Bei diesen Messungen konnte festgestellt werden, daß das System Spindel-Lagerung vor allem bei Drehbänken das relativ weichste Element im Kraftfluß darstellt. Aus diesem Grunde wurden eingehendere Untersuchungen dieses Systems durchgeführt.

Die Ursachen für erzwungene Schwingungen beim Zerspanungsprozeß wurden am Beispiel des Stirn- und Walzenfräsens untersucht und die Zusammenhänge zwischen Kraft und Bewegung ermittelt. Die Abhängigkeiten geben Aufschluß über die zweckmäßige Anordnung von Werkstück und Werkzeug zueinander mit dem Ziel, optimale Arbeitsbedingungen zu erreichen.

Nach diesem Versuchsprogramm ist der vorliegende Bericht in folgende Abschnitte gegliedert:

1) Die Zusammenhänge zwischen Wechselkräften und Schwingungen beim Stirn- und Walzenfräsen,

2) Untersuchungen am System Spindel-Lagerung bei Drehbänken.

2. Wechselkräfte und Schwingungen beim Fräsvorgang

Diese Grundlagenuntersuchung hat zum Ziel, die Zusammenhänge zwischen Schnittkräften, Schwingung, Standzeit und Oberflächengüte beim Fräsen zu klären, um daraus konstruktive Gesichtspunkte für die Gestaltung der Maschine zu gewinnen. Bei der dynamischen Untersuchung einer Werkzeugmaschine muß man beachten, daß sich entscheidend auf den Zerspanungsprozeß die Relativbewegungen zwischen Werkzeug und Werkstück auswirken. Man kann sich bei der Schwingungsuntersuchung während des Arbeitsvorganges meistens darauf beschränken, die Bewegungskomponenten von Werkzeug und Werkstück möglichst nahe an der Schnittstelle zu ermitteln. Eine besondere Eigenart des Zerspanungsvorganges beim Fräsen ist der unterbrochene Schnitt. Deshalb sind für das dynamische Verhalten der Fräsmaschine die im Kraftfluß wirkenden Wechselkräfte wesentlich.

2.01 Schnittkraftverlauf beim Fräsen

Beim Fräsen ergibt sich entsprechend der Spangeometrie eine zeitlich veränderliche, periodische Schnittkraft, die eine dynamische Belastung von Werkzeug und Maschine darstellt.

Der Spanquerschnitt $q = a \cdot s$ beim Fräsen ist abhängig von der Stellung des Fräsmessers zum Werkstück, also vom Winkel φ (Abb. 1).

Der momentane Spanquerschnitt ist

$$q_{(\varphi)} = a \cdot s_{(\varphi)} = a \cdot s_z \cdot \sin\varphi = b \cdot h_0 \cdot \sin\varphi .$$

Für die Hauptschnittkraft ergibt sich nach KIENZLE

$$P_1 = b \cdot h^c \cdot k_{s11} = b \cdot h_0^c \cdot k_{s11} \cdot \sin\varphi .$$

Die Hauptschnittkraft verläuft also zeitlich nach einem Sinusgesetz. Der Exponent c liegt für Stahl etwa zwischen 0,8 und 0,9.
Der Verlauf von $\dfrac{P_1}{b \cdot h_0^c \cdot k_{11}} = (\sin\varphi)^c$ ist in Abbildung 2 dargestellt und zwar für verschiedene Werte von c. Dieser Verlauf der Schnittkraft liegt jedoch nur dann vor, wenn das Fräsmesser über eine halbe Umdrehung in Eingriff ist, was jedoch in den praktischen Fällen fast nie zutrifft. Meist schneidet das Fräsmesser bei einem bestimmten Winkel φ_1 an, so daß die zu diesem Winkel gehörige Schnittkraft in sehr kurzer Zeit, nämlich in der Eindringzeit, erreicht wird. Aus Abbildung 3 läßt sich

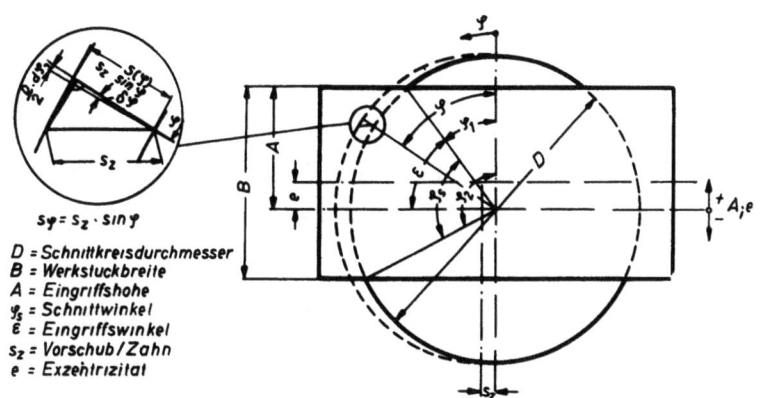

Abbildung 1
Schnittkraftverhältnisse beim Fräsen

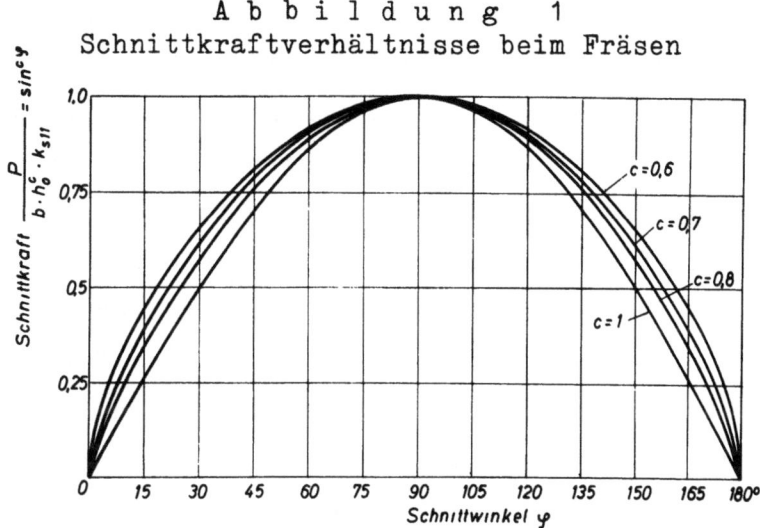

Abbildung 2
Schnittkraftverlauf beim Fräsen

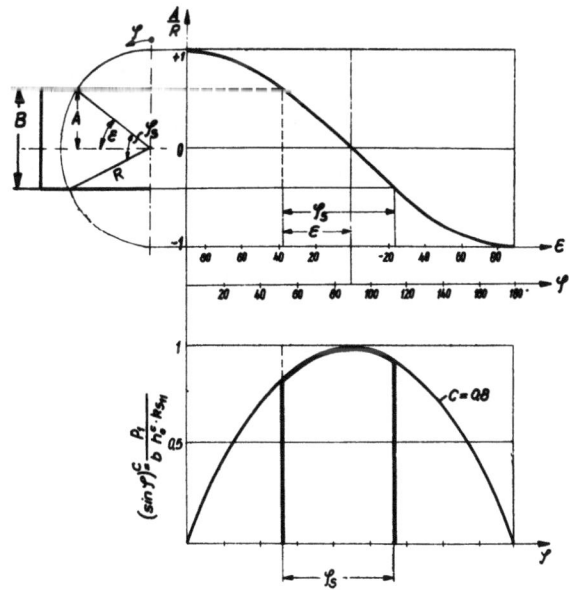

Abbildung 3
Ermittlung des Schnittkraftverlaufes aus Werkstückbreite B
und Eingriffshöhe A

der Verlauf der Schnittkraft am Fräsmesser sofort entnehmen, der von
zwei Größen bestimmt wird: von dem Eingriffswinkel ε und von dem Schnittwinkel φ_s. Im linken Teil des Bildes ist ein Messerkopf mit dem Einheitsdurchmesser angedeutet. Werkstückhöhe B und Eingriffshöhe A (siehe
auch Abb. 1) sind auf den Durchmesser des Messerkopfes bezogen. Aus dem
Diagramm lassen sich die Eingriffswinkel ε und der Schnittwinkel φ_s
leicht entnehmen, wenn die Größen A, B und D bekannt sind. Über dem
Winkel φ ist in Abbildung 3 weiterhin der Schnittkraftverlauf aufgetragen, so daß je nach Größe von Eingriffswinkel ε und Schnittwinkel φ_s
der Schnittkraftverlauf für das einzelne Fräsmesser festgelegt werden
kann. Bei einem Mehrzahnwerkzeug besteht die Möglichkeit, daß mehr als
ein Messer gleichzeitig in Eingriff ist. Dementsprechend werden die
Schnittkräfte, die an den einzelnen Fräsmessern wirken, summiert und
bilden die Umfangskraft am Messerkopf. Es ist sofort einzusehen, daß
die Zahl der im Eingriff befindlichen Messer z_{iE} die Umfangskraft als
Summe aller Schnittkräfte bestimmt. Die Zahl der in Eingriff befindlichen Messer ist definiert durch $z_{iE} = \frac{\varphi_s}{\tau}$, wobei τ der Teilungswinkel
ist, d.h. der Winkel zwischen zwei benachbarten Messern. $z_{iE} = 1,75$
bedeutet, daß zeitweilig 1 Messer und zeitweilig 2 Messer in Eingriff
sind. Der Messerkopf durchläuft die Teilung τ zu 75 % mit zwei Messern
und zu 25 % mit einem Messer in Eingriff.

Der Drehmomentenverlauf am Messerkopf wird also bestimmt durch den
Schnittkraftverlauf am einzelnen Fräsmesser sowie die Zahl der in Eingriff befindlichen Messer z_{iE} und ist eindeutig festgelegt durch Werkstückbreite B, Exzentrizität e, Messerkopfdurchmesser D und Messerzahl z. In Abbildung 4 ist bei symmetrischer Anordnung von Werkstück und
Messerkopf, d.h. e = 0, der theoretische Verlauf der Schnittkraft bzw.
der Umfangskraft für verschiedene Werkstückbreiten und verschiedene
Messerzahlen dargestellt. Man erkennt, daß bei ganzzahligem z_{iE} die
Wechselkraft ein Minimum wird. Der wechselnde Anteil der Umfangskraft
wird um so geringer, je kleiner die Werkstückbreite B und je größer die
Messerzahl z ist. Bei geringen Werkstückbreiten ist die Änderung des
Spanquerschnittes über dem Schnittwinkel φ_s so gering, daß man den
Kraftverlauf durch Rechtecke ersetzen kann (siehe Abb. 4 bei $z_{iE} = 0,5$
und z = 4, 6, 12). Bei größeren Werkstückbreiten wird die Änderung der
Schnittkraft über dem Schnittwinkel φ_s zwar größer, aber, wenn die Zahl

der Messer gleichzeitig genügend groß ist (etwa z = 6), dann summieren sich diese einzelnen Schnittkräfte zu einer Umfangskraft, deren Verlauf annähernd rechteckig wird (Abb. 4). Man kann also den Verlauf der Umfangskraft am Messerkopf durch Rechtecke ersetzen, wenn die Zahl der Messer $z \geqq 6$ ist, unabhängig von der Werkstückbreite, jedoch bei kleinen Exzentrizitäten. Bei kleineren Messerzahlen gilt die Annäherung an die Rechteckkurve, wenn das Verhältnis $\frac{B}{D} \leqq 0,5$ ist. Aus Abbildung 4 erkennt man ferner, daß bei verschiedener Messerzahl z und gleichem z_{iE} die Höhen der Rechtecke verschieden sind. Die Rechteckhöhe P_o ist annähernd gleich der Schnittkraft beim Eintritt des Messers in das Werkstück. Damit wird die Rechteckhöhe abhängig vom Eingriffswinkel ε und

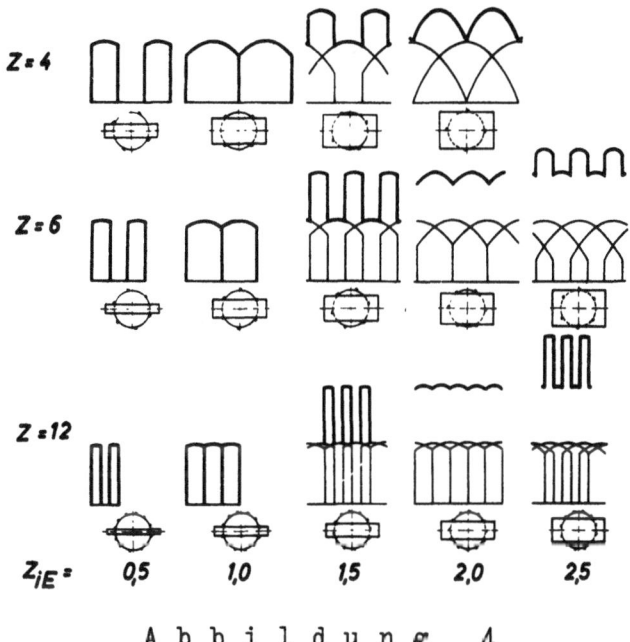

Abbildung 4

Verlauf der Umfangskraft bei symmetrischer Werkstückanordnung (e/D=0) für verschiedene Messerzahlen z und Werkstückbreiten

damit auch von der Werkstückbreite B. Mit größer werdenden Werkstückbreiten wird die Rechteckhöhe geringer. In Abbildung 5 ist über das Verhältnis $\frac{B}{D}$ die Rechteckhöhe P_o für symmetrische Anordnung aufgetragen. Man erkennt, daß mit größeren Werkstückbreiten die Impulshöhe P_o geringer wird.

Unter den bereits beschriebenen Voraussetzungen kann der Verlauf der Umfangskraft am Messerkopf durch Rechtecke angenähert werden. Das bedeutet, daß das Fräsmaschinengetriebe als ein schwingungsfähiges System durch eine Wechselkraft erregt wird, die keinen harmonischen Verlauf besitzt. Die Betrachtungen der erzwungenen Schwingung am gedämpften Einmassensystem gelten jedoch nur unter der Voraussetzung eines harmonischen Kraftverlaufs. Im vorliegenden Fall eines rechteckigen Kraftverlaufs besteht jedoch die Möglichkeit, diesen Verlauf in viele harmonische Teilkräfte zu zerlegen, und zwar mittels der Fourieranalyse. Jede periodische Funktion läßt sich mathematisch durch eine sogenannte Fourierreihe darstellen.

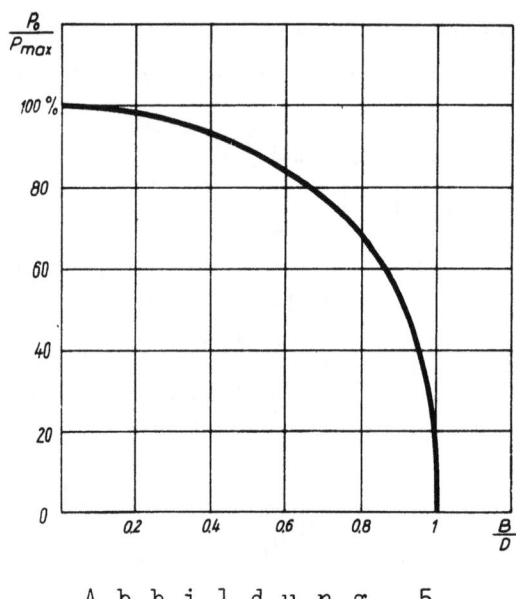

A b b i l d u n g   5

Abhängigkeit der Rechteckhöhe P_o von der Werkstückbreite

$$P_{(\varphi)} = P_m + P_1 \cdot \sin(\omega t + \delta_1) + P_2 \cdot \sin(2\cdot\omega t + \delta_2) + P_n \sin(n\cdot\omega t + \delta_n).$$

Die Koeffizienten P_m und P_n lassen sich für Rechtecke relativ einfach ermitteln. Die hierzu notwendige Integration sei übergangen und sogleich das Ergebnis mitgeteilt. Für einen Verlauf nach Abbildung 6a ergibt sich für die Koeffizienten

$$P_m = P_o \cdot z_{iE}$$

$$P_n = \frac{2 \cdot P_o}{\pi \cdot n} \cdot \sin(\pi \cdot n \cdot z_{iE})$$

Eine beliebige periodische Funktion läßt sich demnach mathematisch durch eine Summe von Sinusfunktionen ausdrücken, die verschiedene Amplituden P_n besitzen und gegenseitig um den Phasenwinkel δ_n verschoben sind. Diese Phasenwinkel sind nur dann von Bedeutung, wenn es auf den genauen Kurvenverlauf ankommt.

Forschungsberichte des Wirtschafts- und Verkehrsministeriums Nordrhein-Westfalen

In vielen Fällen genügt es jedoch zu wissen, mit welchen Amplituden die Oberwellen in der analysierten Funktion enthalten sind.

Die rechteckig verlaufende Schnittkraft ersetzt man durch eine Reihe von sinusförmigen Teilkräften, wobei die erste Teilkraft die Frequenz des Messereingriffs f_M besitzt; alle übrigen Teilkräfte verlaufen mit einer Frequenz, die ein ganzes Vielfaches der Messereingriffsfrequenz ist. Die Größe der einzelnen Teilkräfte P_n ist nicht nur abhängig von der Größe P_o, sondern auch von der Zahl der im Eingriff befindlichen Messer z_{iE}, wie aus Abbildung 6b hervorgeht.

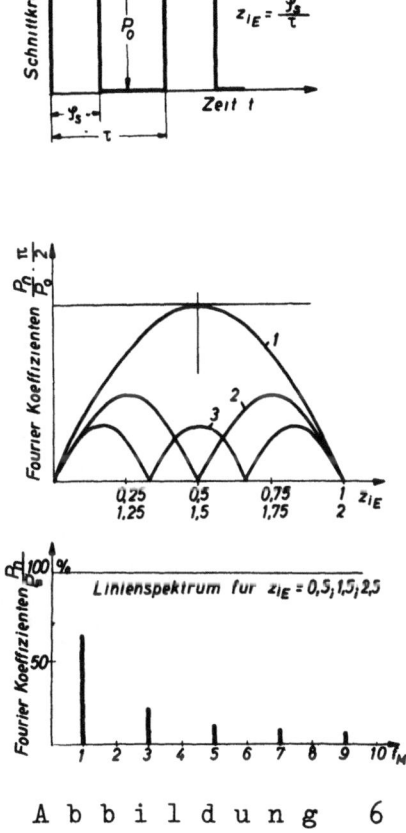

Abbildung 6

Fourierzerlegung des rechteckigen Schnittkraftverlaufes

Für einen beliebigen Wert z_{iE} entnimmt man aus Abbildung 6b die Koeffizienten P_n der Fourierreihe bis zur dritten Harmonischen. Für $z_{iE} = 0,5$, 1,5 usw. wird die Amplitude der Grundwelle P_1 ein Maximum, ebenso alle ungeradzahligen Vielfachen dieser Grundwelle, während die geradzahligen Vielfachen zu Null werden. Einen guten Überblick über Zahl und Größe der

Oberwellen gibt das Linienspektrum (Abb. 6c), aus dem jedoch nicht die Phasenlage der einzelnen Teilkräfte zueinander hervorgeht. Von größerer Bedeutung ist die Amplitude der Grundwelle P_1. Da die Grundwelle bei z_{iE} = 0,5; 1,5 usw. ein Maximum besitzt, sind auch die Amplituden der erzwungenen Schwingung bei z_{iE} = 0,5; 1,5 usw. besonders stark ausgeprägt.

Die Abbildung 7 zeigt, wie sich der rechteckige Kraftverlauf bei z_{iE}=0,5 aus den sinusförmigen Teilkräften zusammengesetzt. Zu der Grundwelle sind gemäß dem Linienspektrum in Abbildung 6c die Teilkräfte P_3 und P_5 mit der 3-fachen bzw. 5-fachen Messereingriffsfrequenz hinzugefügt. Die Summe dieser drei Teilkräfte gibt die Kurve in Abbildung 7 wieder, die einem Rechteck schon sehr nahe kommt. Durch Hinzufügen weiterer Teilkräfte höherer Frequenz wird die Annäherung an die Rechteckkurve vollkommener.

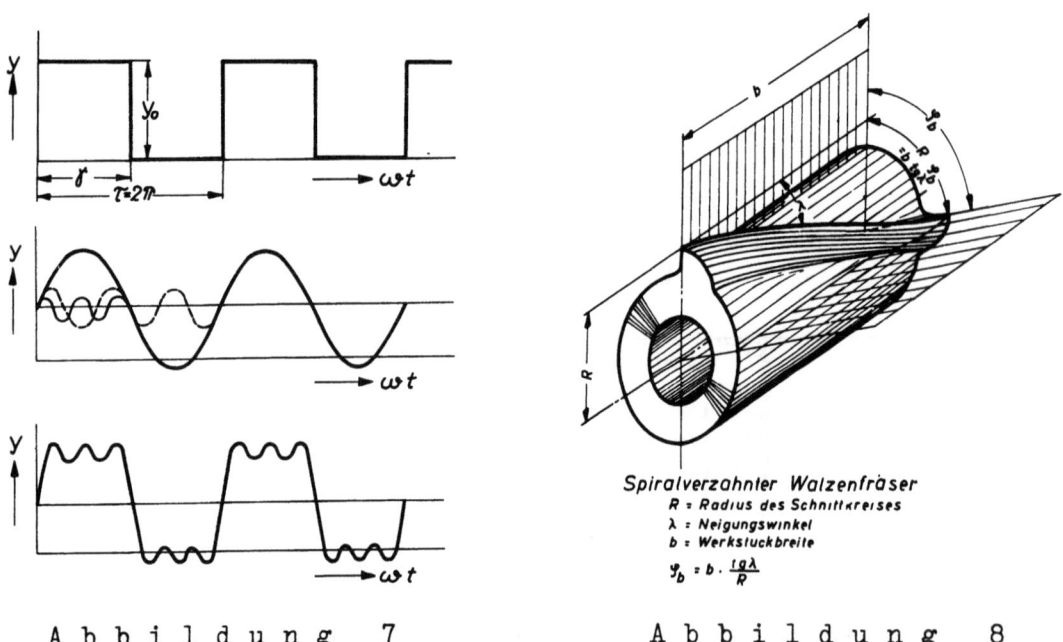

A b b i l d u n g   7
Zusammensetzung eines Rechteckes aus harmonischen Teilbewegungen

A b b i l d u n g   8
Spiralverzahnter Walzenfräser

Für den Schnittkraftverlauf beim Walzenfräsen sind die Abmessungen des Walzenfräsers (Abb. 8) sowie die Werkstückbreite b und die Spantiefe a maßgebend. Aus dem Radius des Schnittkreises R, dem Neigungswinkel der

Schneide λ und der Werkstückbreite b ergibt sich der Winkel φ_b, um den die vordere und hintere Schnittkante der Schneide bei einer bestimmten Werkstückbreite versetzt sind. Betrachtet man nun den Verlauf des Spanquerschnittes am Einzahnwerkzeug, so ergeben sich zwei charakteristische Fälle, nämlich

1. Wenn $\varphi_b < \varphi_s$. Der Winkel φ_b zwischen der vorderen Schnittkante 1 und der hinteren Schnittkante 2 ist kleiner als der Schnittwinkel φ_s (Abb.9). Dieser Fall tritt ein bei kleiner Spiralsteigung λ, geringer Werkstückbreite b und großer Spantiefe a.

2. Wenn $\varphi_b > \varphi_s$ (Abb. 10). Dies tritt bei großer Spiralsteigung λ, großer Werkstückbreite b und geringer Spantiefe a auf.

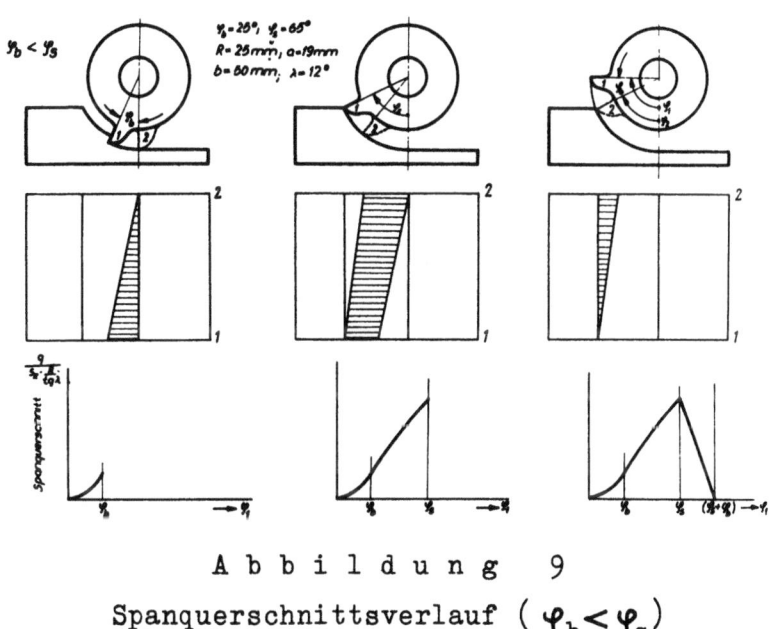

A b b i l d u n g 9
Spanquerschnittsverlauf ($\varphi_b < \varphi_s$)

Der Verlauf des Spanquerschnittes läßt sich mathematisch exakt bestimmen. Es sind jedoch in vielen Fällen drei Bewegungsphasen zu unterscheiden, und zwar:

a) wenn $\varphi_b < \varphi_s$ (entsprechend Abb. 9), ist.

1. Das Fräsmesser dringt in der vorderen Ebene 1 in das Werkstück ein, bis nach Drehen um den Winkel φ_b (der Drehwinkel φ werde in der Ebene 1 gemessen) die hintere Schneidkante 2 gerade in Eingriff kommt. Damit ist die gesamte Schneidenlänge in Eingriff. Der erste Bereich erstreckt sich also über den Drehwinkel φ_1 von 0 bis φ_b.

2. Die gesamte Schneidenlänge bleibt in Eingriff, bis die vordere Kante 1 den Winkel $\varphi_1 = \varphi_s$ zurückgelegt hat und dann austritt. Der zweite Bereich erstreckt sich also über den Drehwinkel φ_1 und φ_b bis φ_s. Dabei wächst der Spanquerschnitt stetig an.

3. Die Schneide tritt beginnend bei der Kante 1 allmählich aus dem Werkstück aus. Dies vollzieht sich während der Drehung des Fräsers um den Winkel φ_b. Der Spanquerschnitt sinkt von einem Höchstwert auf Null ab. Der dritte Bereich erstreckt sich über einen Drehwinkel φ_1 von φ_s bis $(\varphi_s + \varphi_b)$.

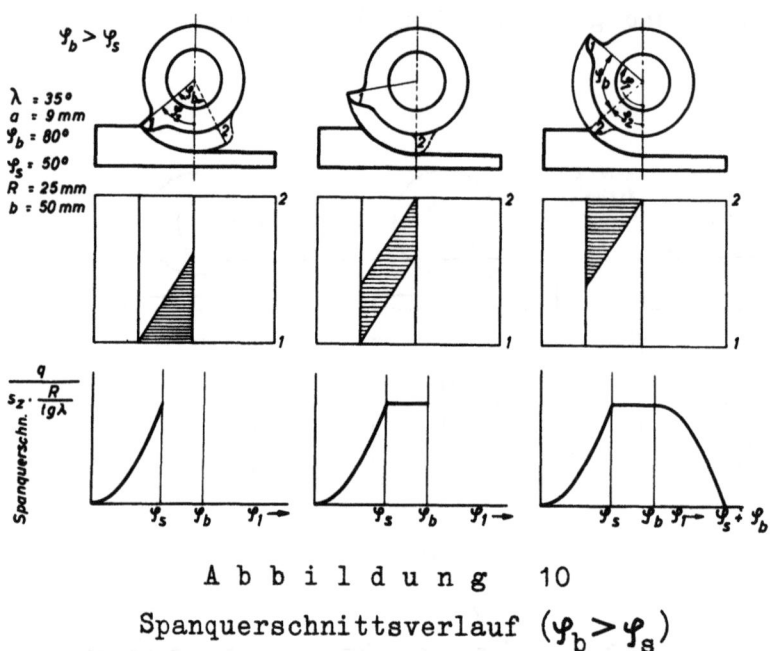

Abbildung 10

Spanquerschnittsverlauf $(\varphi_b > \varphi_s)$

b) wenn $\varphi_b > \varphi_s$ ist (entsprechend Abb. 10).

1. Das Fräsmesser tritt ebenfalls mit der oberen Kante ein. Ehe jedoch die volle Schneidenlänge in Eingriff kommt, tritt das Messer in der Ebene 1 schon wieder aus. Der erste Bereich erstreckt sich daher über den Drehwinkel φ_1 von 0 bis φ_s.

2. Bei weiterer Drehung des Fräsers bleibt die Schneidenlänge konstant und damit auch der Spanquerschnitt bis die Schneide die Ebene 2 erreicht hat. Der zweite Bereich erstreckt sich also über den Drehwinkel φ_1 von φ_s bis φ_b.

3. Bei weiterer Drehung tritt die Schneide auch in der Ebene 2 aus dem Werkstück aus. Dieser Bereich erstreckt sich über den Drehwinkel φ_1 von φ_b bis ($\varphi_s + \varphi_b$). Wenn $\varphi_b = \varphi_s$ ist, fällt die zweite Bewegungsphase weg.

Mathematisch läßt sich der Kurvenverlauf nur für jeweils eine Bewegungsphase durch eine Funktion ausdrücken. Auf die Ableitung sei hier verzichtet. Jedoch soll noch erwähnt werden, daß im Bereich I, also beim Anschneiden, der Spanquerschnitt nach einer Kosinusfunktion verläuft, im mittleren Bereich II (für den Fall großer Spiralsteigung (Abb. 10) mit $q = \dfrac{s_z \cdot a}{tg \lambda}$ konstant bleibt. Im Bereich II fügt sich die gleiche Kosinuskurve wie beim Anschnitt spiegelbildlich an.

Für die Berechnung der Schnittkraft wurde bereits früher die Beziehung

$$P_1 = b \cdot h^c \cdot k_{s11}$$

nach KIENZLE angewendet.

Bestimmt man nach diesem Schnittkraftgesetz den Kraftverlauf am spiralverzahnten Walzenfräser, so führt dies zu einem Integral, das schon bei der Bestimmung der Fräsarbeit durch SALOMON als sogenanntes "Fräsintegral" bekannt geworden ist. Eine exakte Lösung des Integrals ist nicht möglich. SALOMON gibt eine Näherungslösung an, die jedoch nur bis zu einem Winkel von 90° erträgliche Fehler aufweist. Die graphische Lösung des Integrals zeigt Abbildung 11. Für den Anschnitt des Fräsers im Bereich I (Abb. 10) wird der Schnittkraftverlauf beschrieben durch:

$$P = k_{s11} \cdot s_z^c \cdot \int \sin^c \varphi \, d\varphi$$

Der Verlauf wird also direkt dargestellt durch den Verlauf des Fräsintegrals in Abbildung 11. Für $c = 1$ sind Spanquerschnittsverlauf und Kraftverlauf gleich. Für Stahl ist $c < 1$. Die Verzerrung die hierdurch entsteht, ändert, wie aus Abbildung 11 ersichtlich, nicht wesentlich den charakteristischen Verlauf.

Verändert man die Spantiefe a, so wird am Kraftverlauf nur der Anschnittbereich variiert (Abb. 12). Vergrößert man die Werkstückbreite, so wird der mittlere Bereich mit konstanter Kraft (für den Fall $\varphi_b > \varphi_s$) verlängert.

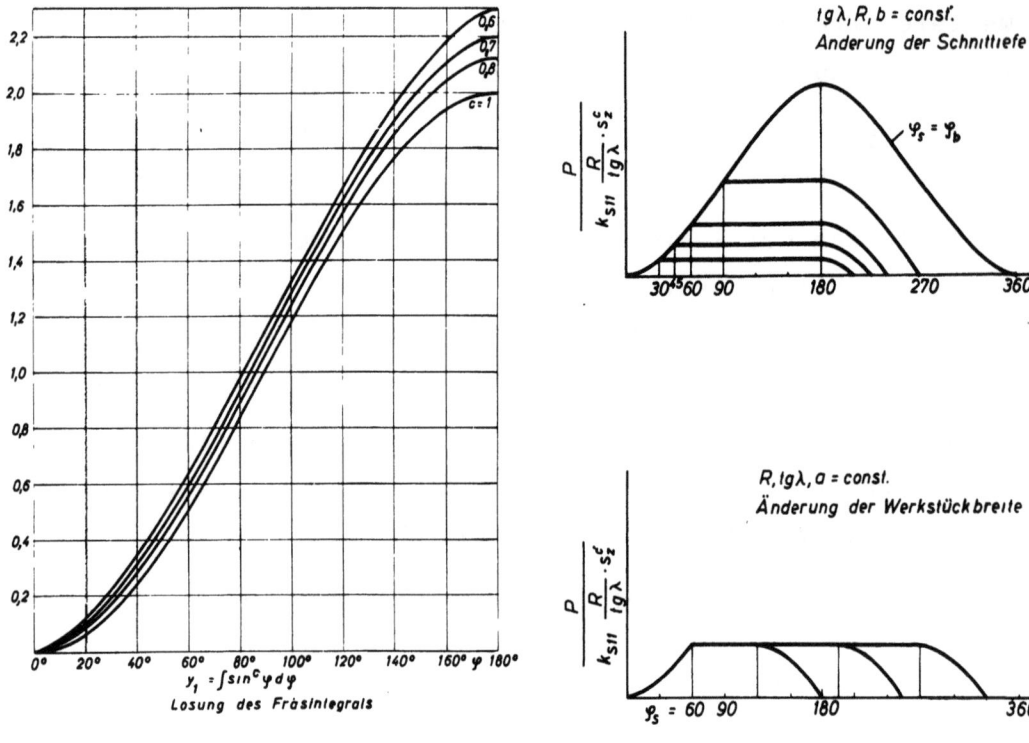

Abbildung 11
Graphische Lösung des
Fräsintegrals $\int \sin^c \varphi \, d\varphi$

Abbildung 12
Einfluß der Schnittiefe und der
Werkstückbreite auf den Kraftverlauf

Um den Kraftverlauf bei Mehrzahnwerkzeugen leicht und schnell aufzeichnen zu können, läßt sich in grober Näherung der Kraftverlauf durch ein Trapez annähern (Abb. 13). Den Schneiden des Walzenfräsers eine Spiralsteigung zu geben, liegt die Absicht zugrunde, starke Kraftschwankungen zu vermeiden. Ist der Neigungswinkel λ groß genug, so daß $\varphi_b > \varphi_s$ wird, dann besteht die Möglichkeit, die Umfangskraft konstant zu halten. Wählt man die Teilung τ so, daß sie gleich φ_b ist, so überlagert sich die Kraft am Messer 1 (Abb. 14) beim Austritt der Kraft am Messer 2 beim Eintritt derart, daß eine konstante Summe erzielt wird. Definiert man eine axiale Messereingriffszahl $Z_{iEa} = \dfrac{\varphi_b}{\tau}$, so kann man sagen, bei ganzzahligem Z_{iEa} bleibt die Umfangskraft konstant. Führt man den Begriff der Axialteilung $\tau_a = \tau \cdot \dfrac{R}{tg\lambda}$ ein, der eine Fräserkonstante ist, so ergibt sich für $Z_{iEa} = \dfrac{b}{\tau_a}$, d.h. die Umfangskraft ist konstant, wenn die Werkstückbreite ein ganzzahliges Vielfaches der Axialteilung ist.

Die Eingriffszahl Z_{iEa} wird, abgesehen von den Fräserabmessungen, nur von der Werkstückbreite b beeinflußt. Die Schnittiefe a ändert daran nichts (Abb. 15). Bei nicht ganzzahligen Werten für Z_{iEa} treten Schwankungen in der Umfangskraft auf.

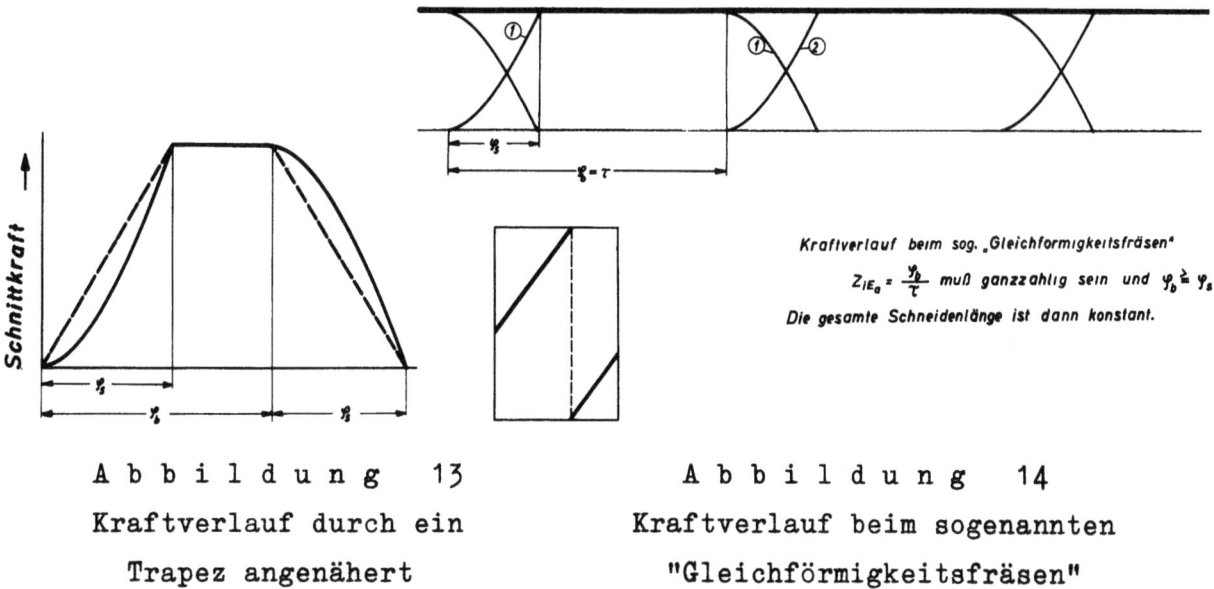

Abbildung 13
Kraftverlauf durch ein
Trapez angenähert

Abbildung 14
Kraftverlauf beim sogenannten
"Gleichförmigkeitsfräsen"

Schwingungsmessungen an einer Konsolfräsmaschine bestätigen diese Erscheinung. Während des Fräsens wurde an drei Meßstellen, die in Abbildung 16 eingetragen sind, der zeitliche Verlauf der Schwingung oszillographiert. Bei einer axialen Eingriffszahl Z_{iEa} = 0,5 und 1,5 tritt eine

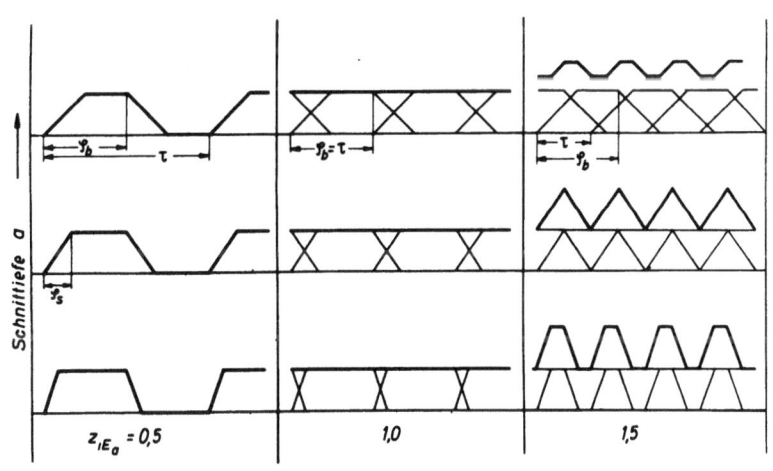

Abbildung 15
Verlauf der Umfangskraft beim Walzenfräsen für verschiedene Zähnezahlen und Schnittiefen

ausgeprägte Schwingung mit der Messereingriffsfrequenz auf, die bei $Z_{iEa} = 1$ verschwindet. Die Bewegung zwischen Fräser und Werkstück in vertikaler Richtung wurde durch einen elektrischen Fühler direkt gemessen (Bewegung 3 in Abb. 16).

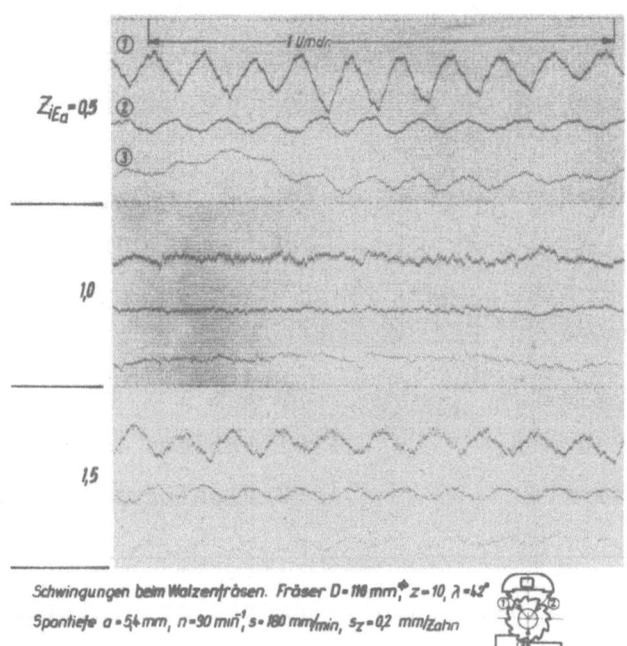

A b b i l d u n g   16
Schwingungen beim Walzenfräsen

Um den Nachweis zu erbringen, daß der theoretische Schnittkraftverlauf sich nach dem Schnittkraftgesetz von KIENZLE bestimmen läßt, wurde die Schnittkraft in Abhängigkeit vom Drehwinkel gemessen. Es wurde ein Schnittkraftmesser gebaut, der in Abbildung 17 und 18 abgebildet ist. Um den zeitlich veränderlichen Schnittkraftverlauf wiederzugeben, ist ein Meßelement mit hoher Eigenfrequenz anzustreben. Daraus ergibt sich die Notwendigkeit, die Massen sehr klein zu halten. Das Fräsmesser wurde daher mit wesentlich kleinerem Schaft und kleineren Hartmetallplatten ausgeführt. Die vier Biegefedern lassen die Durchbiegung des Fräsmessers nur in einer Richtung zu. Durch die Verformung wird der Plattenabstand eines Meßkondensators geändert.

Dieser Kondensator liegt in einer mit Trägerfrequenz gespeisten elektrischen Brücke. Auf diese Weise erhält man eine der Verformung und damit auch der Kraft proportionale Spannungsänderung.

Die Eigenfrequenz des Meßelementes liegt bei 2,3 kHz. Um ein Schwingen des Elementes in seiner Eigenfrequenz zu vermeiden, wird durch eine Gummizwischenlage gedämpft.

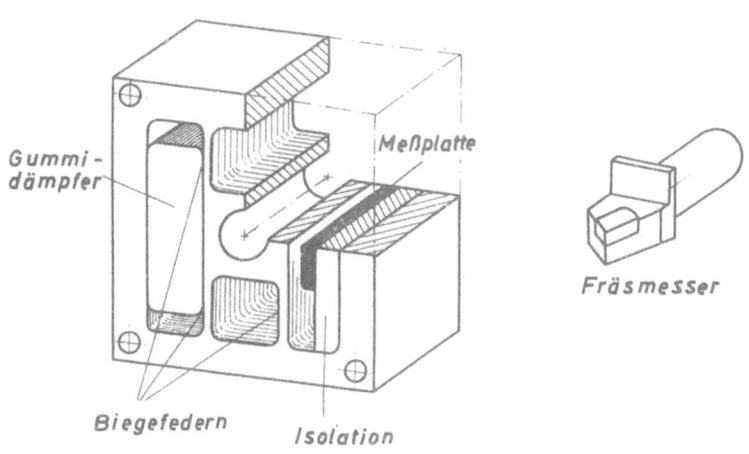

A b b i l d u n g   17
Schnitt durch den Schnittkraftmesser

A b b i l d u n g   18
Schnittkraftmesser zum Stirnfräsen

Bei einem Schnittwinkel $\varphi_s = 180°$ wurde der Verlauf der Tangentialkraft mit einem Schleifen-Oszillographen registriert (Abb.19). Man erkennt einmal, daß der Verlauf symmetrisch ist, weiterhin zeigt sich, daß durch das Exponentialgesetz der Schnittkraftverlauf genügend genau beschrieben wird. Meßelemente und Fräsmesser können in der Meßnabe um 90° gedreht werden, so daß auch die Radialkraft gemessen werden kann. In Abbildung 20 ist der Verlauf der Tangentialkraft und der Radialkraft bei verschiedenen Schnittwinkeln φ_s gemessen. Man erkennt, daß in den meisten Fällen

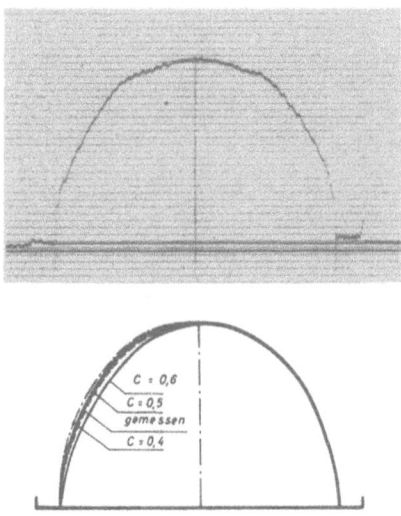

Abbildung 19

Schnittkraftverlauf beim Stirnfräsen Vergleich zwischen Messung und Rechnung

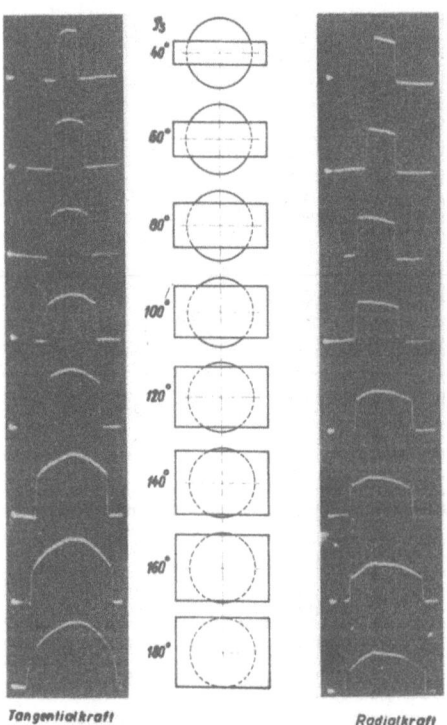

Abbildung 20

Tangential- und Radialkraft beim Stirnfräsen

der Kraftverlauf durch ein Rechteck angenähert werden kann. Die Empfindlichkeit des Meßgerätes war für die Messung von Tangential- und Radialkraft etwa gleich. Der Austritt des Messerkopfes aus dem Werkstück erfolgt zuerst in der Werkstückmitte, so daß hier eine Schnittunterbrechung entsteht. Den Verlauf der Tangentialkraft bei einer solchen Schnittunterbrechung zeigt Abbildung 21.

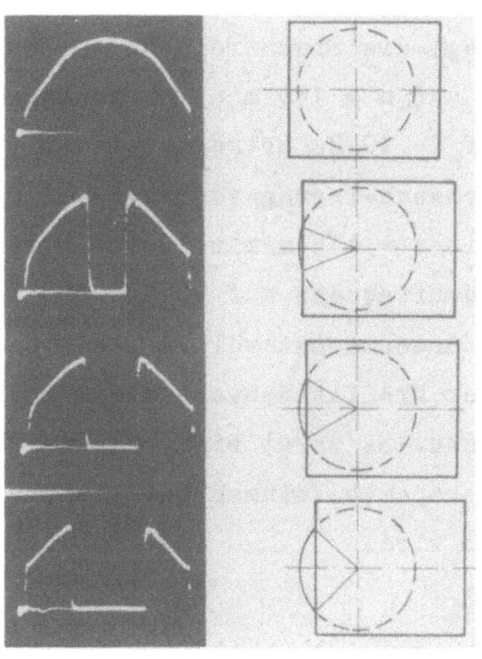

A b b i l d u n g   21
Verlauf der Tangentialkraft bei Schnittunterbrechung

2.02 Einfluß der Torsionsschwingung auf die Standzeit

Überlagert sich der Schnittgeschwindigkeit eine Schwingbewegung, so kann daraus ein Standzeitabfall entstehen - wie OPITZ - SALJÉ gezeigt haben - wenn das Verhältnis Schwinggeschwindigkeit x zu Schnittgeschwindigkeit v groß genug ist. Beim Fräsen kann ein solcher Fall eintreten, wenn sich der Schnittbewegung, die durch die Drehung des Werkzeuges erfolgt, eine Torsionsschwingung überlagert. Erfahrungsgemäß ergibt sich aus den Versuchen, daß die Schwinggeschwindigkeit nur dann in die Größenordnung der Schnittgeschwindigkeit kommt, wenn Resonanz vorliegt, d.h., wenn die Messereingriffsfrequenz f_M mit der Torsionseigenfrequenz des Frässpindelantriebes zusammenfällt. Für eine Fräsmaschine, deren Spindel über Zahnräder angetrieben wird, wurde bei verschiedenen Drehzahlen die Torsionsschwingung ermittelt. Durch die Einschaltung des Vorgeleges beim Wechsel von der Getriebestufe n = 180 min^{-1} auf n = 125 min^{-1} verschiebt sich die Eigenfrequenz sehr stark. Um eine stufenlose Regelung der Drehzahlen zu ermöglichen, wurde der Antriebsmotor über einen Frequenzwandler betrieben. Damit war es möglich, das Schwingungsverhalten durch Einschalten des Vorgeleges zu ändern und durch Drehzahlregelung des Antriebsmotors die gleiche Schnittgeschwindigkeit zu erzielen. In Abbildung 22 sind Versuchsbedingungen und -ergebnisse zusammengefaßt. Bei der Getriebestufe n = 180 min^{-1} liegt die Eigenfrequenz des Antriebes etwa bei 40 Hz. Die Drehzahl wird auf n = 150 min^{-1} heruntergeregelt, so daß die Messereingriffsfrequenz f_M = 40 Hz beträgt, also mit der Eigenfrequenz zusammenfällt. Die Torsionsschwingung von x = $\pm$ 62 m/min überlagert sich der Schnittgeschwindigkeit v = 115 m/min. Durch Einschalten des Vorgeleges erhöht sich die Eigenfrequenz auf 90 Hz. Die Torsionsschwingung ist jetzt praktisch Null unter sonst völlig gleichen Schnittbedingungen. In beiden Fällen wurde der Freiflächenverschleiß in Abhängigkeit vom zerspanten Volumen gemessen. Es zeigt sich, daß durch den Einfluß der Torsionsschwingung das zerspante Volumen bei gleicher Verschleißmarkenbreite um 30 % verringert wird.

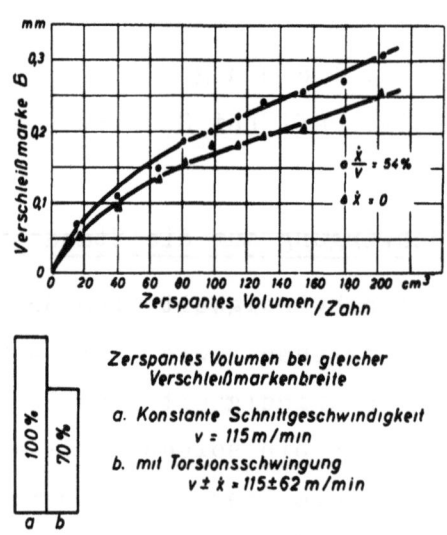

Abbildung 22

Einfluß der Torsionsschwingung auf die Standzeit

Versuchsbedingungen:

Messerkopf: D = 250 mm, z = 16, HM TT2, γ_F = $-10°$ a·s_z = 4·0,165 mm^2, e = 0, Z_{iE} = 2,25

Drehzahl: n = 150, Messereingriffsfrequenz: f_M = 40 Hz

Werkstoff: Ck 45

2.03 Einfluß der Schwingung auf die Oberflächengüte

Schwingbewegungen, die senkrecht zur gefrästen Oberfläche auftreten, beeinflussen die Oberflächengüte. Dabei ist zu unterscheiden, ob die Schwingungen mit der Messereingriffsfrequenz erfolgen oder in der Frequenz von dieser unabhängig sind, wie z.B. selbsterregte Schwingungen eines labilen Werkstückes.

2.04 Einfluß selbsterregter Schwingungen

Besteht zwischen Fräsmesser und Werkstück eine Relativbewegung senkrecht zur Oberfläche, so entsteht längs des Schnittbogens ein Oberflächenbild, wie es in Abbildung 23 dargestellt ist. Der Rattermarkenabstand ergibt sich dabei aus der Geschwindigkeit des Fräsmessers v und der Schwingungsfrequenz f: Rattermarkenabstand $a = \frac{v}{f}$. Die Oberfläche längs des Schnittbogens gibt beim Einzahnwerkzeug den genauen Verlauf der Schwingung wieder in der gleichen Weise wie eine oszillographische Aufnahme. Bei einem Messerkopf mit mehreren Messern folgt das nächste Messer nach der Teilung t. In Abbildung 24 sind fünf Messer eines Messerkopfes abgewickelt. Ist das Verhältnis Teilung zu Rattermarkenabstand $\frac{t}{a}$ ganzzahlig (Abb. 24 Mitte), so beschreiben die folgenden Messer alle die gleiche Bahn. Die vom ersten Messer erzeugte Oberfläche längs des Schnittbogens bleibt erhalten. Sobald jedoch das Verhältnis $\frac{t}{a}$ nicht mehr ganzzahlig ist, schneiden die nachfolgenden Messer etwas von den Rattermarken weg, die die vorhergehenden Messer hinterlassen haben. Infolge des Vorschubes sind zwei aufeinanderfolgende Messer um den Betrag s_z senkrecht zum

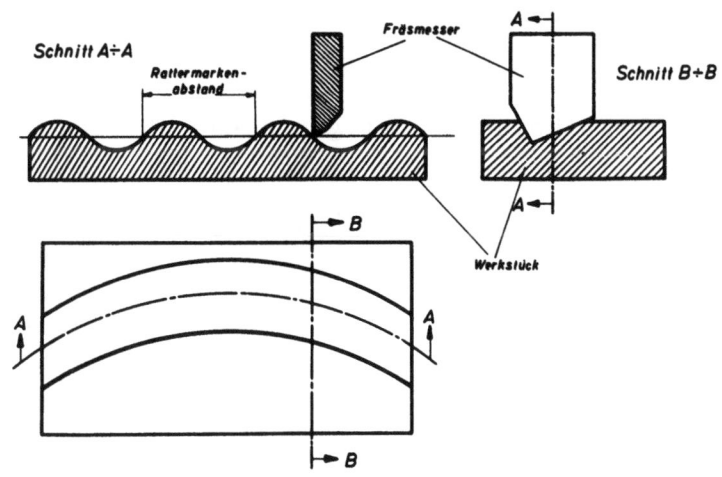

Abbildung 23

Oberfläche des Schnittbogens bei Schwingung relativ zwischen Fräsmesser und Werkstück

Schnittbogen d.h. in Vorschubrichtung versetzt. In Abbildung 24 sind die Messer einmal in ihrer Vorderansicht und darunter in dem jeweils angedeuteten Schnitt gezeichnet. Für ein Verhältnis $\frac{t}{a}$ = 1,67 ist zu jedem der Messer die zugehörige Bahnkurve, und zwar stets in derselben Schnittebene betrachtet. Man sieht, wie die Messer 2 und 3 noch nachschneiden und das Oberflächenbild längs des Schnittbogens stark verändern. Der Rattermarkenabstand wird kleiner und unregelmäßig. Die Schwingungsfrequenz läßt sich in diesem Falle nicht mehr aus dem Rattermarkenabstand ermitteln. Ein Sonderfall ist gegeben, wenn die Teilung t = n · a + 0,5 a ist (Abb. 24 unten), dann wird vom nachfolgenden Messer eine Halbwelle weggeschnitten.

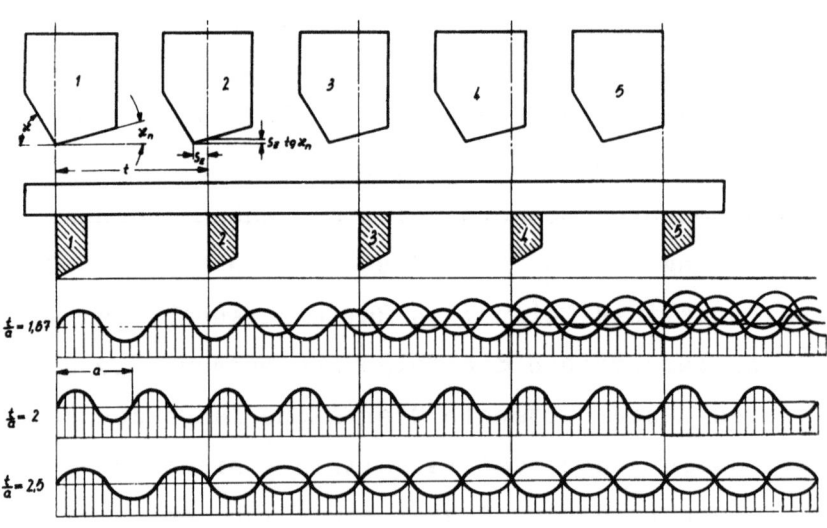

Abbildung 24

Einfluß der Schwingung auf die Oberflächenbeschaffenheit längs des Schnittbogens

Versuche an labilen Werkstücken bestätigen diese Überlegungen. Abbildung 25 zeigt drei Oszillogramme, auf denen die Relativbewegung in x - Richtung zwischen Fräser und Werkstück aufgezeichnet ist. Die Schwingungsfrequenz beträgt 175 Hz. Es handelt sich um die Eigenfrequenz des Werkstückes. Die Teilung beträgt t = 75 mm. Die Drehzahl von n = 112 min^{-1} ergibt eine Umfangsgeschwindigkeit von v = 1400 mm/s. Daraus errechnet sich der Rattermarkenabstand zu $a = \frac{v}{f} = \frac{1400}{175}$ = 8 mm. Das Verhältnis von Teilung zu Periodenlänge ist $\frac{t}{a}$ = 9,4, so daß ein Oberflächenbild entsprechend Abbildung 24 oben auftreten muß. Oberflächenaufnahmen mit dem Leitz-Forster-Gerät geben die Oberfläche längs

des Schnittbogens in einer Höhenverzerrung 10 : 1 wieder (Abb. 26).
Man erkennt, daß die Welligkeit der Oberfläche kleiner ist als die
Schwingungsamplitude, und daß der charakteristische Verlauf nach Abbildung 24 tatsächlich auftritt. Ändert man die Umfangsgeschwindigkeit in
geringem Maße, so wird die selbsterregte Schwingung davon meist wenig
beeinflußt. Die Drehzahl wurde von n = 112 min^{-1} auf n = 146 min^{-1} erhöht. Das ergibt eine Umfangsgeschwindigkeit von v = 1820 mm/sec. Die

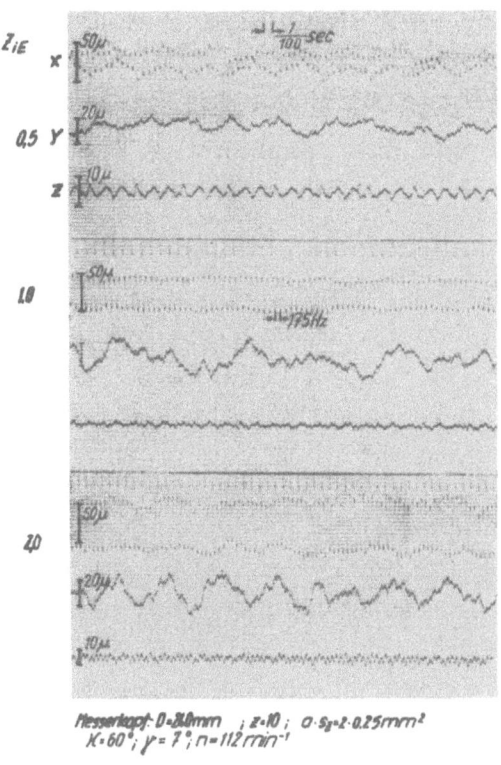

A b b i l d u n g   25

Selbsterregte Schwingung des Werkstückes senkrecht zur Oberfläche t/a=9,4

Frequenz beträgt 171 Hz. Daraus ermittelt man einen Rattermarkenabstand
a = 10,65 mm. Somit wird das Verhältnis $\frac{t}{a} = \frac{75}{10,65} = 7$. Aus dem Oszillo-

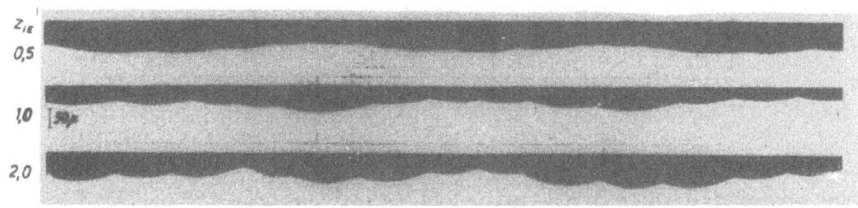

Einfluß der Schwingungen auf die Oberflächenbeschaffenheit längs des Schnittbogens

A b b i l d u n g   26

Oberflächenaufnahme längs des Schnittbogens t/a = 9,4

gramm in Abbildung 27 ist zu erkennen, daß pro Teilung, die durch die Zahneingriffe bei Z_{iE} = 0,5 beispielsweise deutlich zu sehen ist, genau sieben Perioden der Schwingung entfallen. Hier liegt also der Fall vor, daß alle aufeinander folgenden Messer genau die gleiche Bahn beschreiben. Aus den Forsteraufnahmen in Abbildung 28 geht hervor, daß die Schwingbewegung sich sinusförmig auf der Oberfläche abbildet, und zwar mit der errechneten Periodenlänge von 10,6 mm und der Größe der Schwingungsamplitude. Der Vergleich mit den Oszillogrammen in Abbildung 27 zeigt, daß bei Z_{iE} = 1,0 entsprechend der geringen Amplitude auch die Welligkeit der Oberfläche geringer ist. Bei Z_{iE} = 1,5 hingegen ist gemäß der größeren Schwingungsamplitude auch die Welligkeit größer. Bei Z_{iE} = 2,0 tritt eine Schwebung auf und das ganzzahlige Verhältnis scheint nicht mehr vorzuliegen.

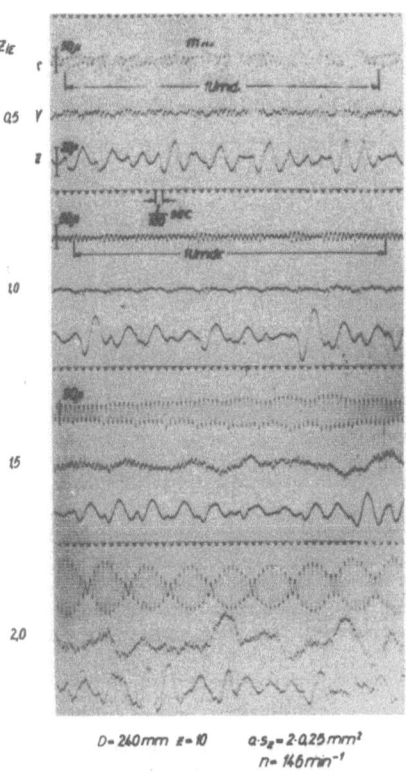

A b b i l d u n g   27
Selbsterregte Schwingung des Werkstückes senkrecht
zur Oberfläche t/a = 7

Aus den Versuchsergebnissen lassen sich einige wichtige Folgerungen ziehen. Treten selbsterregte Schwingungen auf, die sich senkrecht zur Oberfläche auswirken, so kann man durch geringe Drehzahländerung das

Verhältnis Teilung zu Rattermarkenabstand $\frac{t}{a}$ verändern und damit wesentlich die Oberflächenbeschaffenheit beeinflussen. Außerdem zeigt sich, daß Z_{iE} = 1 für die selbsterregte Schwingung günstiger ist als große Messereingriffszahlen.

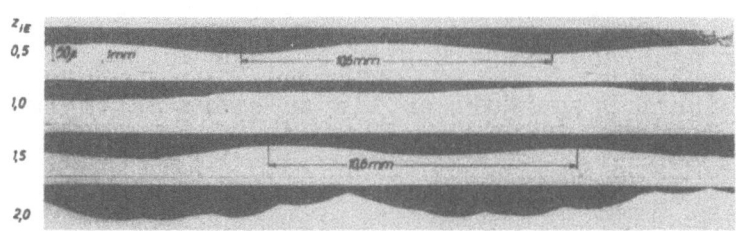

Abbildung 28

Oberflächenaufnahme längs des Schnittbogens t/a = 7

Ist f_x die Frequenz der selbsterregten Schwingung und f_M die Messereingriffsfrequenz, so ergibt das Verhältnis $\frac{t}{a}$ auch durch:

$$\frac{t}{a} = \frac{f_x}{f_m}$$

dies folgt einfach aus

$$t = \frac{\pi D}{z} \quad ; \quad a = \frac{v}{f_x} = \frac{\pi \cdot D \cdot n}{60 \cdot f_x} \quad ; \quad f_M = \frac{n \cdot z}{60}$$

Das bedeutet, daß bei ganzzahligem Verhältnis $\frac{t}{a}$ ein ganzzahliges Vielfaches der Messereingriffsfrequenz f_M mit der Eigenfrequenz f_x zusammenfällt. Zu der selbsterregten Wechselkraft addiert sich vektoriell die Teilkraft, die sich aus der Fourier-Analyse der Schnittkraft ergibt. Da bei Z_{iE} = 0,5 und 1,7 die 7. Harmonische vorhanden ist, liegt die Vermutung nahe, daß die Schwingungen in x-Richtung zu einem Anteil erzwungene Schwingungen sind. Das wird durch die geringen Amplituden bei Z_{iE} = 1 bestätigt.

2.05 Einfluß der erzwungenen Schwingungen

Auch bei sehr starrem Werkstück und starrer Aufspannung wird durch die Schnittkraft eine Relativbewegung erzwungen. Diese Relativbewegung wurde direkt gemessen, und zwar kapazitiv, indem in der Mitte des Messerkopfes eine Meßplatte isoliert angeordnet wurde. Diese Meßplatte bildet mit dem Werkstück einen Kondensator. Die Relativbewegung zwischen Messerkopf und Werkstück äußert sich in einer Abstandsänderung des Kondensators und wird somit meßbar. Die Oszillogramme in Abbildung 29 zeigen, wie die Relativbewegung von Z_{iE} abhängig ist. Bei jedem Messereingriff bzw. -austritt erfolgt eine Änderung des Abstandes zwischen Messerkopf und Werkstück und damit eine Beeinflussung der Oberfläche, die abhängig ist von Z_{iE} und erst bei $Z_{iE}=1$ sichtbar wird. Dies wird durch einen Versuch bestätigt, bei dem die Werkstückbreite b größer ist als der Fräsdurchmesser. Beim Eindringen des Messerkopfes bis zum vollen Schnittwinkel $\varphi_s = 180°$ ändert sich Z_{iE} von Null an bis zu einem Maximalwert.

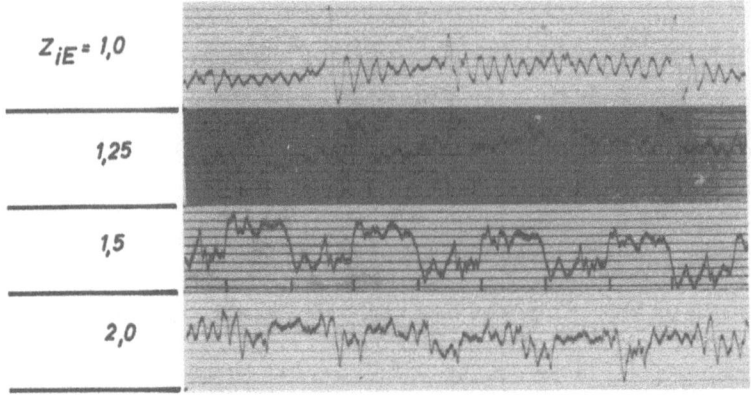

Abbildung 29
Erzwungene Relativbewegung
Relativbewegung zwischen Messerkopf und Werkstück in Frässpindelachse
D=250 mm, z=10, $a \cdot s_z = 5 \cdot 0{,}1$ mm^2 n=90 min^{-1}, Werkstoff: C 35

Abbildung 30 zeigt eine fotographische Wiedergabe der gefrästen Oberfläche. Man erkennt deutlich die Markierungen auf der Oberfläche. Abbildung 31 erklärt, wie diese Markierungen entstehen. Sie treten erst auf, wenn $Z_{iE} > 1$ ist. Es ist zu sehen, wie bei $Z_{iE} = 1{,}5$ das Messer in dem Augenblick eine sichtbare Beeinflussung der Oberfläche hinterläßt, wenn Messer 1 aus dem Werkstück austritt. Das gleiche geschieht, wenn Messer 3 in das Werkstück eintritt. Bei $Z_{iE} = 3$ sind zwei Messer vorhanden, die sich auf der Oberfläche markieren (Abb. 31 unten). Daraus ergibt sich für die Praxis wiederum die Folgerung, beim Messerkopffräsen die Messereingriffszahl möglichst eins zu machen.

Forschungsberichte des Wirtschafts- und Verkehrsministeriums Nordrhein-Westfalen

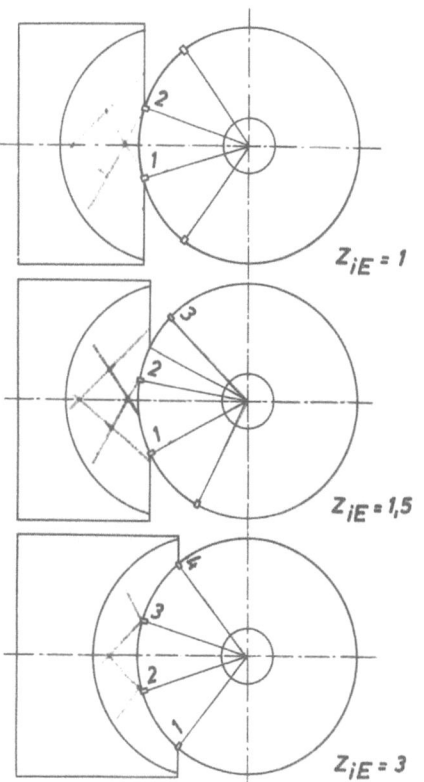

Abbildung 30
Gefräste Oberfläche

Abbildung 31
Entstehung der Oberflächenmarkierung

2.06 Torsionsschwingungsverhalten der Frässpindelantriebe

Die Torsionsschwingungen haben, wie nachgewiesen werden konnte, auf das Standzeitverhalten des Fräsers einen schädlichen Einfluß unter der Voraussetzung, daß die Schwingungsgeschwindigkeit $\dot{x}$ groß genug ist gegenüber der Schnittgeschwindigkeit. Dies ist meist nur der Fall, wenn Resonanz vorliegt, d.h., die Messereingriffsfrequenz f_M mit der Torsionsfrequenz f_o zusammenfällt. Das Torsionsschwingungsverhalten soll daher näher untersucht werden. Zunächst ist festzustellen, welche Messereingriffsfrequenzen überhaupt auftreten können.

2.07 Ermittlung der möglichen Erregerfrequenzen

Die Größe der Messereingriffsfrequenz f_M ergibt sich aus Drehzahl n und Messerzahl z zu $f_M = \frac{n \cdot z}{60}$. Die Drehzahl n ergibt sich aus der möglichen Schnittgeschwindigkeit v und dem Durchmesser des Fräsers. Für einen bestimmten Durchmesser liegt aber in etwa die Messerzahl fest. Um alle möglichen Erregerfrequenzen zu ermitteln, geht man in folgender Weise vor:

Für eine bestimmte Maschinengröße ist die Größe der verwendbaren Fräser begrenzt. Die Größe der Messerköpfe ist durch Abmessung des Steilkegels nach ISA und die Größe der Walzenfräser ist durch den Fräsdorndurchmesser begrenzt. Im nachfolgenden sollen die möglichen Erregerfrequenzen für eine Frässpindel mit Steilkegel Nr. 50 und Fräsdorndurchmesser 27 bis 60 mm ermittelt werden. Damit ist die Größe der verwendbaren Fräser nach Durchmesser und Messerzahl festgelegt. Die wirtschaftlich anwendbaren Schnittgeschwindigkeiten sind bekannt. Somit ergibt sich daraus der anwendbare Drehzahlbereich. Aus Drehzahl und Messerzahl läßt sich dann der Frequenzbereich ermitteln. Man kann diese Betrachtung auf die Bearbeitung von Stahl und Guß beschränken, da bei anderen Werkstoffen die spezifischen Schnittkräfte gering sind. Es werden folgende Schnittgeschwindigkeitsbereiche zugrunde gelegt: Bearbeitung von

1. Stahl mit Hartmetall .... $v = 50 - 300$ m/min

2. Stahl mit Schnellstahl .... $v = 10 - 50$ m/min

3. Guß mit Hartmetall .... $v = 30 - 100$ m/min

Messerköpfe: HM - Schneiden für Guß

$\frac{D}{mm}$	z	Drehzahl n		Frequenzbereich Hz	
200	8-12-16	50	200	6.7	53
250	10-16-20	40	160	6,7	54
315	12-18-20-26	32	128	6.4	55
355	20-30	28	112	9.4	56

JSA Nr. 50
$v = 30-120$ m/min

Frequenzbereich: $f_M = 6 \div 60$ Hz

Drehzahlbereich: $n = 50-200$ min^{-1}

$28-112$ min^{-1}

Forschungsberichte des Wirtschafts- und Verkehrsministeriums Nordrhein-Westfalen

<u>Schaftfräser: HM - Schneiden für Stahl</u>

D mm	Z	Drehzahl n		Frequenzbereich Hz	
40	4	400	2400	27	160
50	6	320	1900	21	160
63	6	260	1440	26	145
80	6 - 8	200	1200	20	160

JSA Nr. 50

v = 50 - 300 m/min

Frequenzbereich: f_M = 20 - 160 Hz

Drehzahlbereich: n = 400 - 2400 min^{-1}

200 - 1200 min^{-1}

<u>Messerköpfe: HM - Schneiden für Stahl</u>

D mm	Z	Drehzahl n		Frequenzbereich Hz	
200	8 - 10	80	470	10	80
250	8-10-12	64	380	8,5	76
280	9-11	57	340	8,5	62
315	8-10-12-13-14	50	300	6,7	70
355	12-15-16	45	270	9	72

JSA Nr. 50

v = 50 - 300 m/min

Frequenzbereich: f_M = 8 - 80 Hz

Drehzahlbereich: n = 80-470 min^{-1}

45 -270 min^{-1}

<u>Messerköpfe: S S - Schneiden für Stahl</u>

D mm	Z	Drehzahl n		Frequenzbereich Hz	
200	16	12	80	3.2	16
250	8-16	10	64	1.4	17.5
315	8-20	8	50	1	16.5
355	12-24	7	45	1.4	18
400	14-28	6.2	40	1.45	18.5
450	14-32	5.5	35	1.3	18.5
500	16-36	5	32	1.35	19

JSA Nr. 50

v = 8 - 50 m/min

Frequenzbereich: f_m = 2 - 20 Hz

Drehzahlbereich: n =12 - 80 min^{-1}, 5 - 32 min^{-1}

Walzenfräser: SS - Schneiden für Stahl

D mm	Z	Drehzahl n		Frequenzbereich Hz		
60	7	42	320	5	37	ISA Nr. 50
150	12	17	125	3.5	25	v = 8 - 60 m/min

Frequenzbereich: f_M = 4 - 40 Hz
Drehzahlbereich: n = 42- 320 min^{-1}
17 -125 min^{-1}

Scheibenfräser: HM - Schneiden für Stahl

D mm	Z	Drehzahl n		Frequenzbereich Hz		
80	6	200	800	20	80	JSA Nr. 50
100	8	160	630	21	80	v = 50 - 200 m/min
125	10	128	500	21	80	
160	10-12	100	400	17	80	
200	12-14	80	310	16	74	
225	16	72	290	19	77	

Frequenzbereich: f_M = 15 - 80 Hz
Drehzahlbereich: n = 200-800 min^{-1}
72-290 min^{-1}

Aus den Katalogen der Werkzeughersteller sind alle in Frage kommenden Fräser herausgesucht und in den nachstehenden Tabellen zusammengefaßt worden. Damit sind alle vorkommenden Erregerfrequenzen für eine bestimmte Maschinengröße ermittelt. Wichtig ist nun die Zuordnung der Messereingriffsfrequenzen zu den Drehzahlen der Frässpindel, da hierdurch, wie weiter unten gezeigt wird, die Auslegung des Frässpindelantriebes bestimmt wird. Um ein anschauliches Bild davon zu bekommen, welche Messereingriffsfrequenzen bei den verschiedenen Drehzahlen auftreten, werden die Erregerfrequenzen, die in den Tabellen enthalten sind, über der Drehzahl als Abszisse in einem Diagramm aufgetragen (Abb. 32). Die im Diagramm eingezeichneten Felder geben die möglichen Erregerfrequenzen für eine bestimmte Fräserart an. Hier erkennt man, daß bei Spindeldrehzahlen von n = 125 min^{-1} an keine Erregerfrequenzen unter 15 Hz auftreten, während bis zur Spindeldrehzahl $n = 250 \text{ min}^{-1}$ keine Erregerfrequenzen über 60 Hz auftreten.

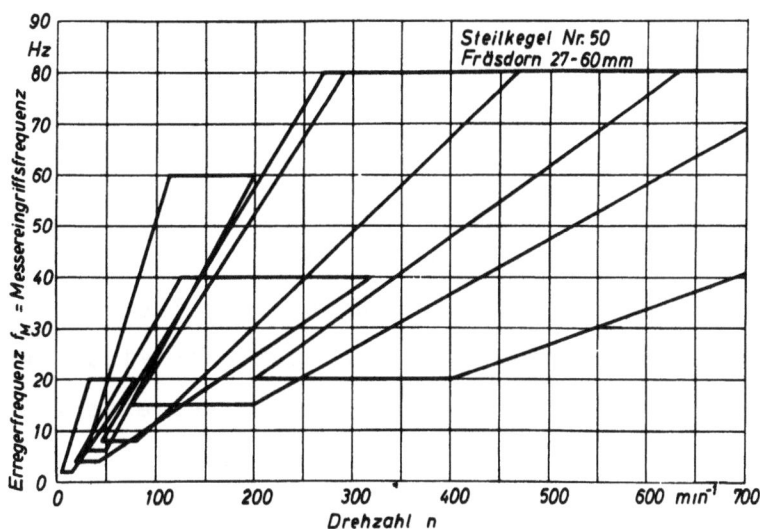

Abbildung 32

Mögliche Messereingriffsfrequenzen für eine Fräsmaschine mit Steilkegel ISA 50 und Fräsdorndurchmesser 27 - 60 mm

2.08 Möglichkeiten für die Lage der Eigenfrequenzen des Antriebes

Da die möglichen Erregerfrequenzen für eine bestimmte Maschinengröße festliegen und weiterhin ein Zusammenfallen dieser Erregerfrequenzen mit der Eigenfrequenz des Antriebes, also Resonanz, vermieden werden soll, ergeben sich für die Höhe der Eigenfrequenz des Frässpindelantriebes aus den obigen Betrachtungen wichtige Schlußfolgerungen. Man wird die Eigenfrequenz sowohl hoch als auch tief wählen müssen, um nicht in Resonanz zu geraten, d.h., daß im überkritischen und unterkritischen Bereich gefräst wird. Für die Auslegung des Getriebes ist es nun wichtig zu wissen, wie groß die Torsionseigenfrequenz des Antriebes sein muß in Zuordnung zur Spindeldrehzahl. Aus Abbildung 32 entnimmt man, daß Resonanz vermieden wird, wenn die Eigenfrequenz über dem gesamten Drehzahlbereich sehr hoch liegt, d.h. über 100 Hz. Erfahrungsgemäß ist dies bei hohen Drehzahlen sehr schwierig. Daher wird man im oberen Drehzahlbereich zweckmäßigerweise einen Antrieb mit niedriger Eigenfrequenz wählen und dann im überkritischen Bereich fräsen. Ein derartiger Antrieb läßt sich verwirklichen durch Zwischenschalten einer weichen Drehfeder zwischen Frässpindel und Getriebe. Die Drehfeder kann durch einen Keilriemen oder eine drehelastische Kupplung verwirklicht werden. Das Diagramm in Abbildung 32 gibt weiterhin Auskunft, wie tief die Eigenfrequenz liegen muß und von welcher Drehzahl an diese Antriebsart verwendet werden kann. Liegt die Eigenfrequenz bei etwa 15 Hz, so ist diese Antriebsart von etwa $n = 250\ \text{min}^{-1}$ an anwendbar. Gelingt es, die Eigenfrequenz auf 10 Hz oder weniger herabzusetzen, so kann dieser Antrieb von etwa $n = 125\ \text{min}^{-1}$ verwendet werden.

Im unteren Drehzahlbereich ist diese Antriebsart unmöglich. Hier wird man zweckmäßig die Eigenfrequenz hoch legen. Dies läßt sich nur durch einen Antrieb über Zahnrad-Vorgelege erreichen. Man wird diese Antriebsart bis zu einer Drehzahl von maximal $200\ \text{min}^{-1}$ verwenden. Die Eigenfrequenz sollte möglichst nicht unter 150 Hz liegen, da sich die Erregerfrequenz durch Schnittunterbrechung von 60 Hz (Abb. 32) auf 120 Hz verdoppeln kann.

Mit dem Schaubild in Abbildung 32 ist dem Konstrukteur die Möglichkeit gegeben, den Frässpindelantrieb schwingungsgerecht auszulegen, so daß Resonanz vermieden wird. Da die Fräsmaschinen mit dem ISA-Steilkegel 50 einen sehr großen Anteil der Produktionsmaschinen ausmachen, läßt sich für eine große Zahl von Fräsmaschinengetrieben zusammenfassend sagen: Die Eigenfrequenz sollte im oberen Drehzahlbreich von etwa $150\ \text{min}^{-1}$ an bei 10 Hz liegen; im unteren Drehzahlbereich möglichst nicht unter 150 Hz.

Versuche an verschiedenen Getriebekonstruktionen bestätigen diese Feststellungen. Einen nach den obigen Gesichtspunkten ausgelegten Frässpindelantrieb zeigt Abbildung 33. Im unteren Drehzahlbereich erfolgt der Antrieb über das Rädervorgelege, wodurch eine hohe Eigenfrequenz erzielt wird. Im oberen Drehzahlbereich wird die Spindel über den Keilriemen angetrieben. Dabei läuft das Vorgelege zur Erhöhung des Trägheitsmomentes leer mit. Die unterschiedlichen Trägheitsmomente der verschiedenen Werkzeuge haben daher keinen wesentlichen Einfluß mehr auf die Lage der Eigenfrequenz. Sie liegt bei dieser Antriebsart bei etwa 10 Hz. Abbildung 34 stellt schematisch noch einmal die Schlußfolgerung dar, die konstruktiv aus den Untersuchungen gezogen werden kann.

Abbildung 33
Frässpindelantrieb

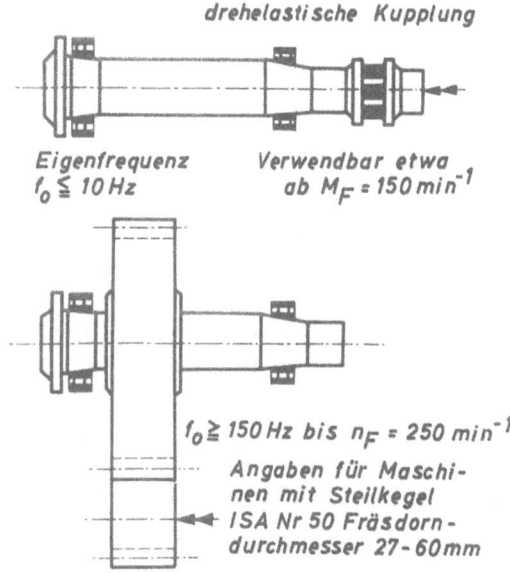

Abbildung 34
Schwingungsgerechte Auslegung
eines Frässpindelantriebes

2.09 Abhängigkeit der Torsionsschwingung von den Einstellgrößen und Schnittbedingungen

In welcher Weise die Torsionsschwingung von der Messereingriffszahl abhängig ist, wurde schon früher dargelegt. Die Abhängigkeit der Torsionsschwingung vom Eingriffswinkel ε veranschaulicht Abbildung 35. Man erkennt, daß der Schwingungsverlauf bei allen Exzentrizitäten nahezu

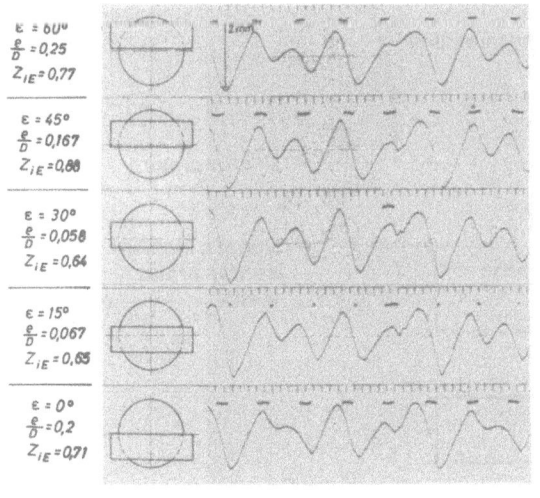

Abbildung 35
Abhängigkeit der Torsionsschwingung vom Eingriffswinkel

kongruent ist. Mit zunehmender Verschleißmarkenbreite auf der Freifläche nehmen die Torsionsschwingungsamplituden zu.

2.10 Ungleichförmigkeiten der Drehbewegung

Außer der Schnittgeschwindigkeitsschwankung, die durch Torsionsschwingungen auftritt, besteht die Möglichkeit, daß durch die Verzögerung und Beschleunigung aller Drehmassen einschließlich der des Antriebsmotors eine periodische Änderung der Schnittgeschwindigkeit auftritt.

Aus Abbildung 36 geht hervor, daß diese Drehzahlschwankungen gering sind. Die Motorkennlinie zeigt den charakteristischen Verlauf der Drehzahl über dem Drehmoment. Der Drehzahlabfall bis zum Kippmoment ist höchstens 10 %. Bei einer Maschine ohne jede Schwungmasse würde der Motor trägheitslos auf jede Belastungsschwankung reagieren. Da das wechselnde Moment der Schnittkraft in keinem Fall das Kippmoment erreicht, bleibt auch die daraus resultierende Drehzahlschwankung so gering, daß sie keinen Einfluß auf die Standzeit der Werkzeuge besitzt.

Eine Erhöhung der Schwungmassen zur weiteren Verringerung der Ungleichförmigkeit ist daher nicht notwendig. Zusätzliche Schwungmassen sind daher nur sinnvoll, wenn die Eigenfrequenz des Antriebes erniedrigt werden soll.

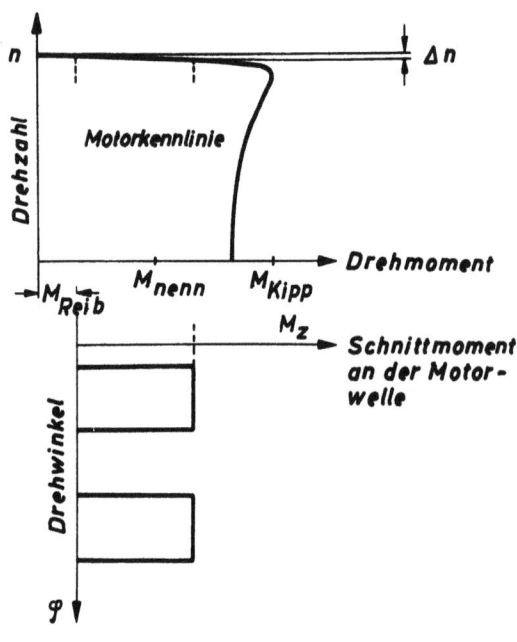

A b b i l d u n g 36

Ungleichförmigkeit bei wechselnder Schnittkraft

In Abbildung 37 sind die Verhältnisse schematisch dargestellt. Bei einem Antrieb mit der Eigenfrequenz f_o wird diese durch eine zusätzliche Schwungmasse herabgedrückt, wie aus der Resonanzkurve in Abbildung 37 rechts ersichtlich ist. Liegt die Messereingriffsfrequenz f_M oberhalb der Resonanz, so tritt durch die Schwungmasse eine Verbesserung ein. Diese Maßnahme ist dagegen nicht sinnvoll beim Fräsen im unterkritischen Bereich, wo $f_M < f_o$ ist, da hierdurch - wie aus Abbildung 37 sofort ersichtlich ist - die Resonanzgefahr vergrößert wird.

Ein anderes Verhalten werden Walzen - und Scheibenfräser auf den relativ langen und dünnen Fräsdornen zeigen. Der torsionsweiche Fräsdorn bildet als Drehfeder mit der Masse des Fräsers ein schwingungsfähiges Gebilde, das unabhängig von der Schwingungssteifigkeit der Maschine unangenehme Torsionsschwingungen ausführen kann. Die Eigenfrequenz des Systems Fräsdorn-Fräser könnte durchaus in den Bereich der Messereingriffsfrequenz fallen, so daß Resonanz auftritt. Hier bestehen wiederum die beiden Möglichkeiten, entweder durch steifere Fräsdorne die Eigenfrequenz heraufzusetzen oder durch zusätzliche Schwungmassen in der Nähe des Fräsers die Eigenfrequenz stark zu erniedrigen.

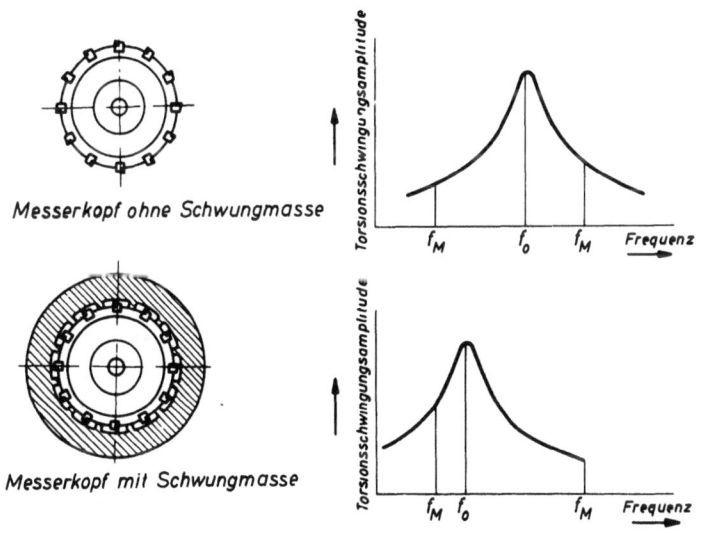

Abbildung 37

Schwungmasse zur Minderung der Torsionsschwingung

2.11 Zusammenfassung

Untersuchungen über die Zusammenhänge zwischen Schnittkräften, Schwingung, Standzeit und Oberflächengüte beim Fräsen wurden im Laboratorium für Werkzeugmaschinen und Betriebslehre der Tech.Hochschule Aachen durchgeführt.

Der Spanquerschnitts- und Schnittkraftverlauf beim Stirnfräsen und beim Fräsen mit spiralverzahnten Walzenfräsern wurde dargelegt.

Durch Schnittkraftmessungen konnte nachgewiesen werden, daß der theoretisch ermittelte Kraftverlauf dem tatsächlichen Verlauf der Schnittkraft entspricht.

Ein Versuch zeigt, in welchem Maße sich Torsionsschwingungen auf die Standzeit des Fräsers auswirken.

Der Einfluß auf die Oberflächengüte von selbsterregten und erzwungenen Schwingungen, die eine senkrecht zur Werkstückoberfläche stehende Komponente haben, wird näher untersucht.

Konstruktive Gesichtspunkte für die schwingungsgerechte Auslegung eines Frässpindelantriebes ergeben sich aus der Forderung, daß Resonanz durch Zusammenfallen von Torsionseigenfrequenz und Messereingriffsfrequenz verhindert werden muß. Hierzu werden konstruktive Lösungen angegeben.

Die Ungleichförmigkeiten der gesamten Drehmassen durch die wechselnden Drehmomente sind vernachlässigbar klein.

Aus diesen Untersuchungen ergeben sich Gesichtspunkte für die Anordnung zusätzlicher Schwungmassen auf der Frässpindel.

3. Werkzeugmaschinenspindeln und deren Lagerungen

1. Im Kraftfluß der Werkzeugmaschinen kommt den Arbeitsspindeln und deren Lagerung eine große Bedeutung zu, das wird auch deutlich, wenn man sich die Hauptaufgaben des aus Arbeitsspindel und Lagerung gebildeten Systems vergegenwärtigt:

      a) Aufnahme der Schnittkräfte
      b) Übertragung des Antriebsmomentes und
      c) Führung des Werkstückes bzw. Werkzeuges
         an der Schnittstelle

Das Arbeitsergebnis wird also unmittelbar durch die Eigenschaften des Systems beeinflußt. Dabei wirkt sich auf die Genauigkeit des Werkstückes die Bewegungskomponente senkrecht zur Werkstückoberfläche aus. Es ist daher zweckmäßig, die Bewegungskomponenten in Kraftfluß durch ein rechtsdrehendes Koordinatensystem festzulegen, dessen x-Achse immer senkrecht zur Werkstückoberfläche steht (Abb. 38). Auf diese Weise sind alle Bewegungsrichtungen im Kraftfluß eindeutig festgelegt. In Abbildung 38 sind für verschiedene Bearbeitungsverfahren die Koordinatensysteme eingezeichnet. Man erkennt, daß eine Durchbiegung der Arbeitsspindel fast immer eine Bewegung in Richtung der x-Achse zur Folge hat. Die auf Grund dieser Zusammenhänge im Laboratorium für Werkzeugmaschinen und Betriebslehre durchgeführten zahlreichen Untersuchungen zielten darauf ab, diese Einflüsse zu ermitteln. Für die Versuche standen zwar nur Drehbankspindeln zur Verfügung; es ist aber bei den angewandten Untersuchungsmethoden unerheblich, ob die Arbeitsspindeln als Werkstück- oder Werkzeugträger dienen.

Für die durchgeführten und geplanten Untersuchungen auf diesem Gebiet stehen im Laboratorium für Werkzeugmaschinen und Betriebslehre zwei spezielle Prüfstände zur Verfügung. Der Spindelprüfstand (Abb. 39) besteht aus einem steifen Unterbau (Schweißkonstruktion) und einem Spindel-

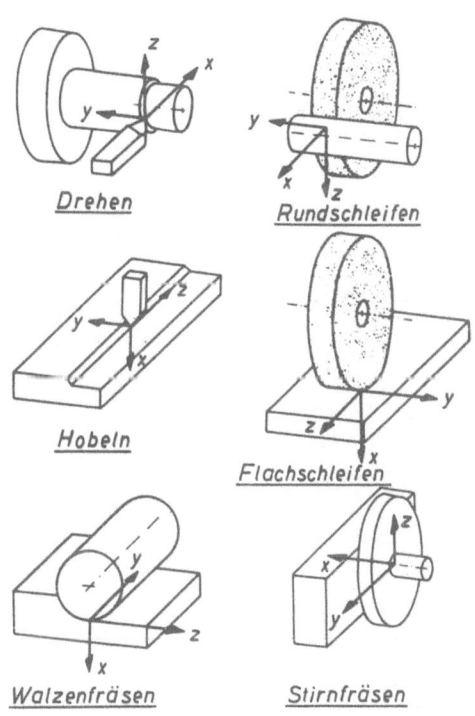

Abbildung 38

Bewegungskomponenten bei verschiedenen Bearbeitungsverfahren

bett mit achsial verschiebbaren Lagerböcken, so daß zwei- und dreifach gelagerte Spindeln mit unterschiedlichen Durchmessern und Stützweiten

Abbildung 39
Spindelprüfstand

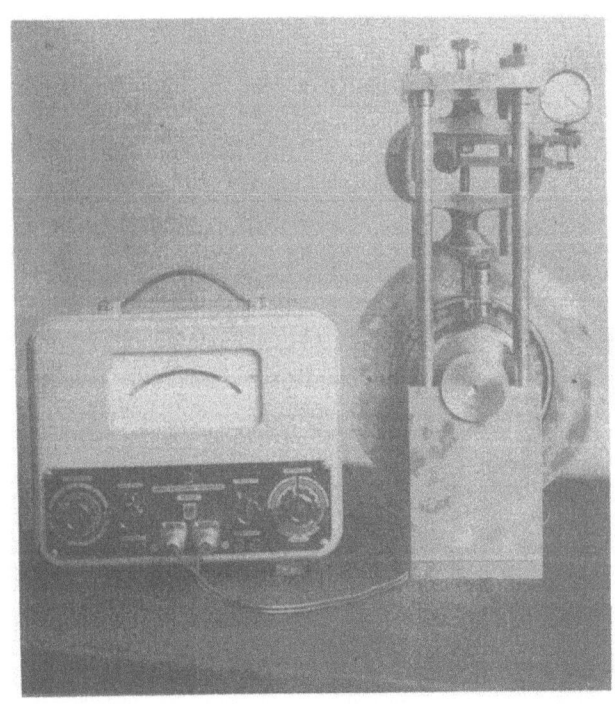

a) Abbildung 40 b)
Wälzlagerprüfstand

untersucht werden können. Der Antrieb erfolgt biegungsentlastet. Für
Drehversuche ist noch eine stufenlos einstellbare Vorschubeinheit angeordnet. Mit diesem Prüfstand sind praxisnahe Untersuchungen möglich,
wobei gleichzeitig infolge der guten Zugänglichkeit umfangreiche Messungen durchführbar sind. Für statische Untersuchungen an Wälzlagern
wurde der Prüfstand auf Abbildung 40 entwickelt. Das Bild zeigt, daß
hier die reine Wälzlagerverformung gemessen werden kann, also die Verformung an den Kontaktstellen zwischen Wälzkörpern und Laufbahnen. Als
Meßelement dient das im Bild dargestellte Hebelsystem mit einem Fein-
taster. Die Belastung wird mit einer Schraube über einen Kraftmeßbügel
aufgebracht.

3.01 Starrheitsgrad einer Spindel und ihrer Lagerung

Unter Starrheitsgrad versteht man die (statisch wirkende) Kraft, die
erforderlich ist, um eine Verformung von der Größe einer Längeneinheit
zu erzielen. Man wählt als Längeneinheit $\frac{1}{1000}$ mm = 1μ und gibt den
Starrheitsgrad in (kg/μ) an. Der Starrheitsgrad ist von C. KRUG definiert worden. Die Formänderung muß selbstverständlich an der gleichen
Stelle gemessen werden, an der die Kraft aufgebracht wird. So ist der
Starrheitsgrad bei einer Spindel, die beispielsweise auf Biegung belastet wird, abhängig von der Angriffsstelle der Kraft. Um vergleich-
bare Starrheitswerte zu bekommen, und um zu einer Vorstellung über die
bei der Zerspanung unter Wirkung der Schnittkräfte auftretenden Verformungen zu gelangen, wird man die zur Bestimmung des Starrheitsgrades
nötige Kraft möglichst dort aufbringen, wo auch die Schnittkräfte wirken.
Eine Drehbankspindel wird man zweckmäßigerweise an der Spindelnase durch
eine Biegekraft belasten (Abb. 41) und so den Starrheitsgrad bestimmen.
Bei Versuchen zeigte sich, daß die Lagerstellen zum Teil eine beträchtliche Verformung aufweisen (Abb. 42). Somit enthält der an der Spindelnase ermittelte Starrheitsgrad sowohl die Starrheit der Spindel als auch
die der Lagerstellen. Um die Verformungen den einzelnen Elementen einer
Spindelkonstruktion zuordnen zu können, ist eine Aufteilung der Durchbiegung notwendig, und zwar zunächst in zwei Anteile (Abb. 43):

   a) die Durchbiegung x_1, die durch Verformung der Spindel entsteht,

   b) die Durchbiegung x_2, die durch Verformung der Lagerstelle
      entsteht.

Beide Anteile addiert, ergeben die Gesamtverformung. Eine solche Spindelkonstruktion ist also zu betrachten als ein Biegebalken auf elastischen Stützen. Solange die Verhältnisse linear bleiben, kann man die Betrachtung getrennt durchführen, nämlich

a) für einen Biegebalken auf starren Stützen,
b) für einen starren Balken auf elastischen Stützen.

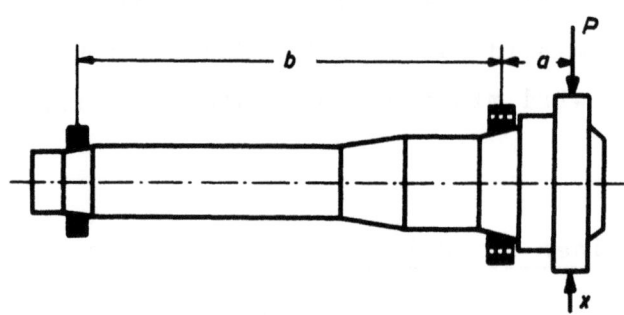

Abbildung 41
Definition des Starrheitsgrades

p = Biegekraft a = Auskraglänge
x = Durchbiegung an der (Lagermitte-Kraftangriffsst.)
Kraftangriffsstelle b = Lagerabstand

$\frac{p}{x}$ = Starrheitsgrad

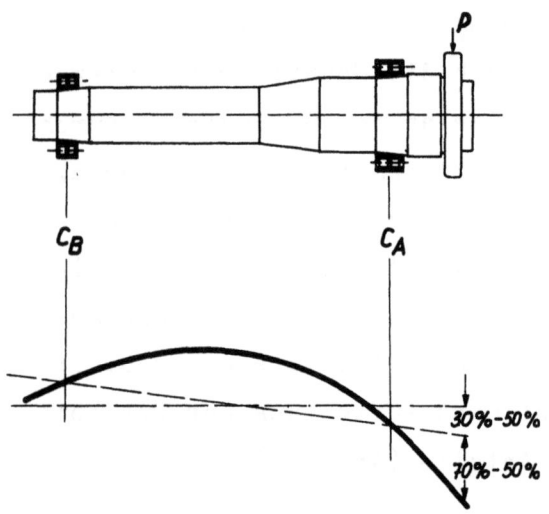

Abbildung 42
Verformungsanteile an der Spindelnase

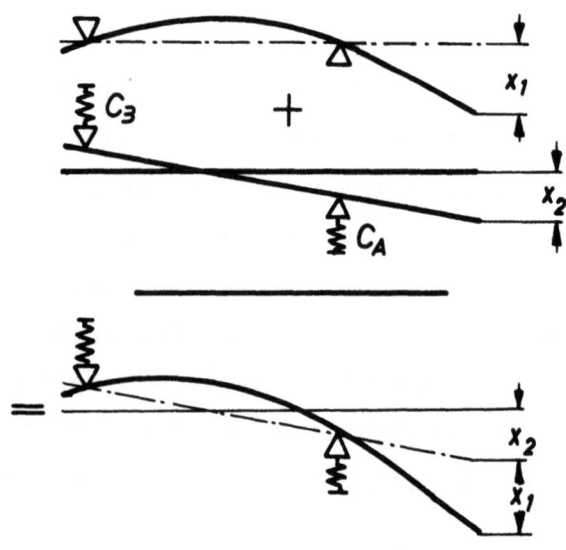

Abbildung 43
Superposition der Einzelverformungen

Bei Spindeln mit veränderlicher Auskraglänge a (z.B. Bohrwerksspindeln, Innenschleifspindeln) ist der Starrheitsgrad als Funktion der Kraglänge a anzugeben (Abb. 44).

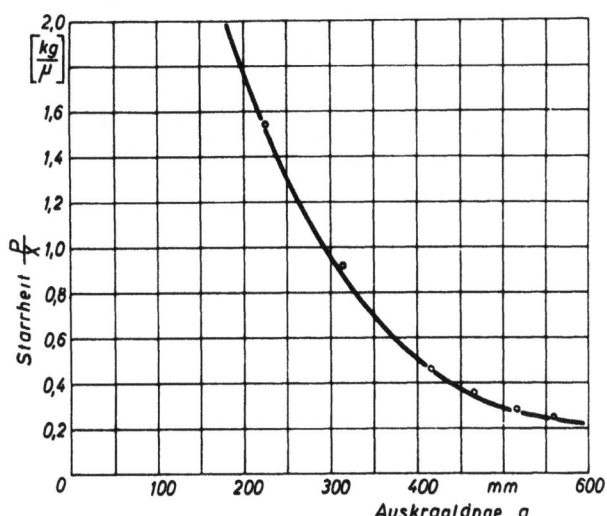

Abbildung 44
Starrheitsgrad als Funktion der Auskraglänge bei
einer Bohrwerksspindel

3.02 Experimentelle Ermittlung der Verformung

Eine Bestimmung des Starrheitsgrades an der Spindelnase ist im allgemeinen verhältnismäßig einfach durchzuführen. Die Belastung wird mit einem Kraftmeßbügel aufgebracht und die Verformung mit einer ausreichend empfindlichen Meßuhr mit möglichst geringer Umkehrspanne gemessen. Um die Aufteilung der Verformung entsprechend Abbildung 43 zu ermöglichen, ist eine Messung der Biegelinie der Spindel und der Verformung an den Lagerstellen notwendig. Bei allen Spindeln, die eine Bohrung aufweisen, ist dies sehr gut zu verwirklichen, indem mit einem elektrischen Tastgerät die Spindel längs der Bohrung abgetastet wird. Vor allem läßt sich auf diese Weise genau die Verformung an den Lagerstellen ermitteln (Abb. 45).

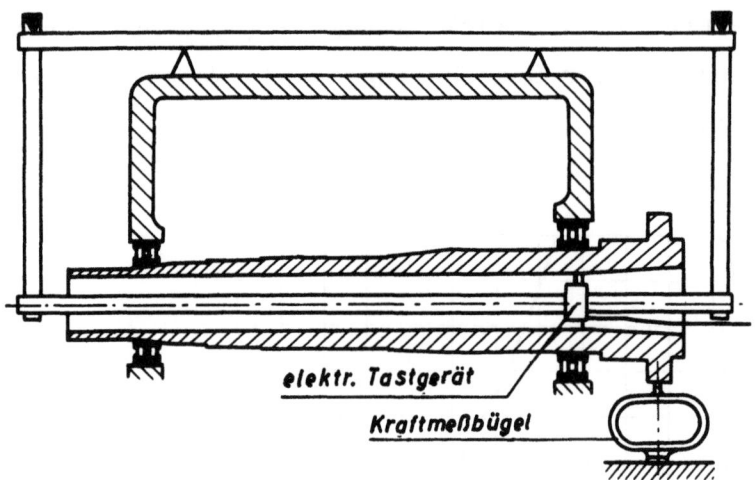

Abbildung 45
Spindelmeßeinrichtung

3.03 Spindelsteifigkeit

Mit der Möglichkeit, die Biegelinie der Spindel zu ermitteln und die Lagerdeformation getrennt zu messen, ist ein Verfahren gegeben, mit dem man die Starrheit einer Spindel bestimmen kann, die in einer Maschine eingebaut ist. Für verschiedene Spindelkonstruktionen wurden diese Messungen durchgeführt (Abb. 46 a bis d). Für den Konstrukteur ist es nun von großem Interesse, die Starrheit einer Spindelkonstruktion schon am Zeichenbrett ermitteln zu können. Die elastische Linie eines Biegebalkens mit veränderlichem Trägheitsmoment läßt sich nach dem graphischen Verfahren von MOHR mit relativ geringem Aufwand durchführen. Die Spindel wird in zylindrische Teilstücke mit konstantem Trägheitsmoment aufgeteilt. Dabei werden die konischen Spindelteile ebenfalls durch Zylinder ersetzt. In Abbildung 46 ist der Verlauf des Trägheitsmomentes über der Spindellänge dargestellt. Die Momentenfläche ergibt sich als Dreieck. Indem man das Moment an jeder Stelle durch das jeweilige Trägheitsmoment dividiert, erhält man die sogenannte reduzierte Momentenfläche. Die einzelnen Flächeninhalte werden als Kräfte im Schwerpunkt der jeweiligen Teilfläche angesetzt und in bekannter Weise außerdem in einem Seileck zusammengefaßt. Für die Spindeln in Abbildung 46 wurde diese Berechnung durchgeführt, und es zeigt sich eine gute Übereinstimmung zwischen Messung und Rechnung. Auf diese Weise ist es nun möglich, die Starrheit einer Spindelkonstruktion im voraus zu bestimmen, und so verschiedene

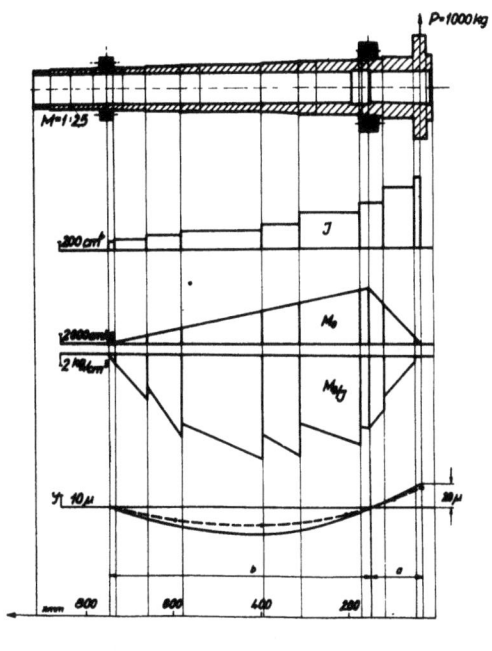
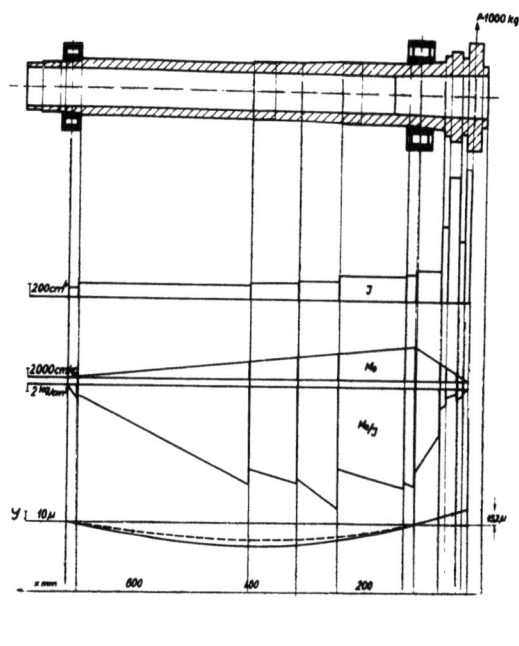
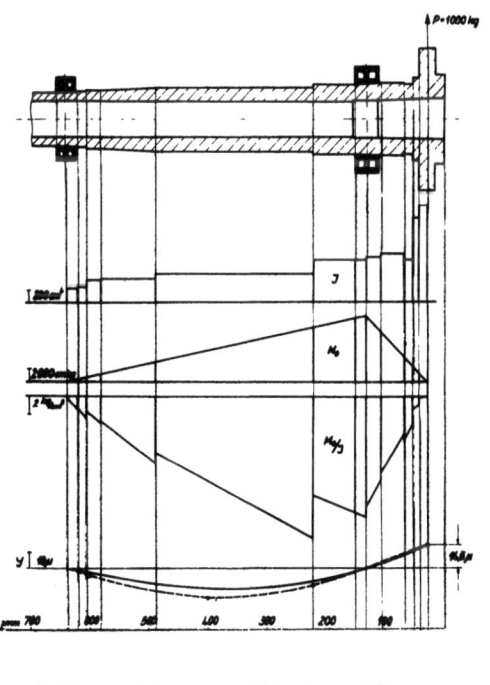
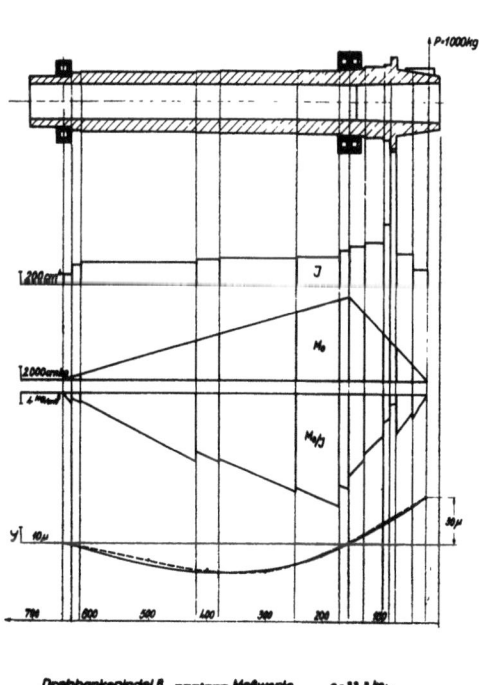

Abbildung 46 a - d
Starrheitsermittlung nach MOHR

Konstruktionen zu vergleichen sowie die Wirksamkeit konstruktiver Maßnahmen zur Erhöhung der Starrheit zu prüfen.

Die Konstruktion in Abbildung 46 a wurde einmal in der Weise abgeändert, daß die Verjüngung stark verringert wurde, das andere Mal wurde die Kraglänge verkürzt. In Abbildung 47 sind beide Konstruktionsänderungen dargestellt und nach dem graphischen Verfahren von MOHR die Durchbiegung bei einer Last von 1000 kg ermittelt. Durch die Vergrößerung des Trägheitsmomentes wird eine Verringerung der Durchbiegung von 20 μ auf 17 μ erreicht. Weitaus wirksamer ist die Verkürzung der Auskraglänge. Hierdurch geht bei sonst unveränderter Konstruktion die Durchbiegung von 20 μ auf 6,5 μ zurück; das bedeutet eine Steigerung der Starrheit von 50 kg/μ auf 154 kg/μ, also auf das Dreifache. Das Beispiel zeigt deutlich, welche Bedeutung der Auskraglänge bei einer Spindelkonstruktion beizumessen ist.

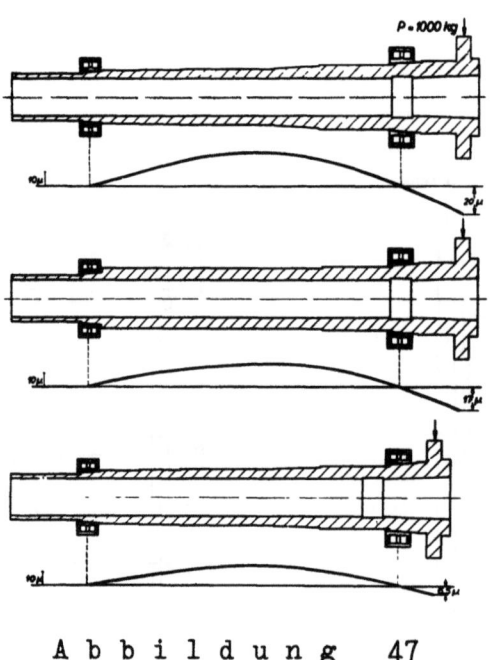

A b b i l d u n g   47

Einfluß von Verjüngung und Kraglänge auf die Durchbiegung

3.04 Starrheit der Lagerstellen

Neben der starren Ausführung der Spindel selbst ist der Gestaltung der Lagerstellen größte Sorgfalt zu widmen. Bei wälzgelagerten Spindeln die größte Elastizität im Lager selbst, d.h. vorwiegend in den Wälzkörpern zu suchen, entspricht nicht den Tatsachen, wie Versuche gezeigt haben. Die Starrheit des Lagers ist stark abhängig von:

a) der konstruktiven Ausbildung der Lagerstelle und aller Bauelemente, die zwischen Wälzläger und Gehäuse angeordnet sind,

b) den Maß- und Formtoleranzen aller Bauelemente im Lager.

In Abbildung 48 sind verschiedene konstruktive Ausführungen von Hauptlagern an Drehbankspindeln gegenübergestellt. Die Verformung verläuft linear mit der Kraft. Der Knick entsteht dadurch, daß sich einzelne Bauteile abstützen, so daß die Steifigkeit ähnlich wie bei parallel geschalteten Federn vergrößert wird. Dies veranschaulicht Abbildung 49 an zwei Beispielen. Abbildung 48 zeigt eine eindeutige Rangfolge in der Starrheit der Konstruktionen. Die Konstruktion Nr. 1 weist die größte Steifigkeit auf. Hier ist das Lager direkt in das Gehäuse eingesetzt. Durch die Anordnung einer Zwischenbüchse bei den Konstruktionen Nr. 2 und Nr. 3 geht die Starrheit zurück, ebenso bei Konstruktion Nr. 4, bei der die Lagerstelle aus dem Gehäuse herausragt. Eine Biegebeanspruchung ist bei der Einleitung der Kraft in das Gehäuse also zu vermeiden. Wie durch sinnvolle Gestaltung des Lagereinbaues die Steifigkeit gesteigert werden kann, zeigt Abbildung 50, in Gegenüberstellung zweier Konstruktionen. Durch die seitliche Anordnung in der Zwischenbüchse wird diese

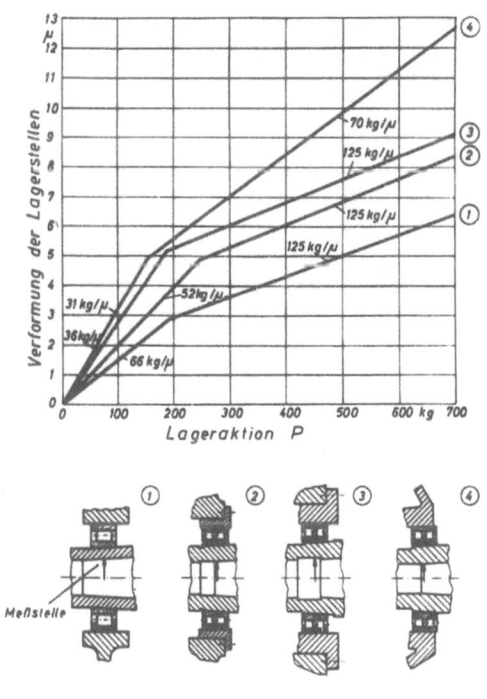

A b b i l d u n g   48
Vergleich von Einbaumöglichkeiten

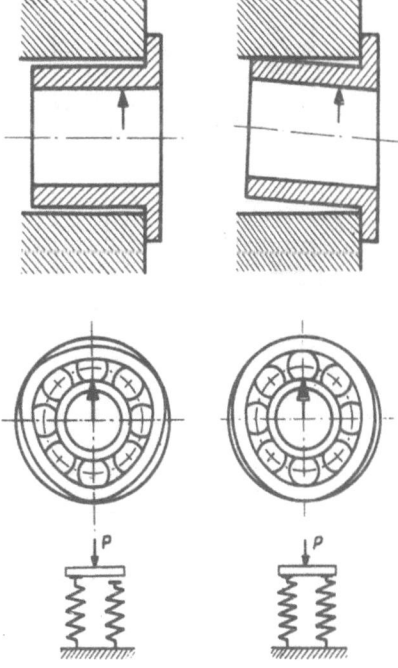

A b b i l d u n g   49
Einfluß der Lagerbüchse auf die Starrheit

stark auf Biegung beansprucht, so daß nur eine Starrheit von 7,5 kg/µ erreicht wird. Selbst wenn die Büchse in das Gehäuse eingepreßt wird, ist die Kraftüberleitung auf das Gehäuse infolge des auftretenden Biegemomentes sehr ungünstig. Der direkte Einbau des Lagers in das Gehäuse, und zwar so, daß die Wirkungslinie der Kraft in der Gehäusewand liegt und damit eine Biegung vermieden wird, ist weitaus steifer. Bei Verwendung einer Zwischenbüchse lassen sich ausreichende Steifigkeiten erzielen, sofern man die Maß- und Formtoleranzen zwischen Büchse und Gehäuse genügend klein hält. Der Einfluß der Toleranzen auf diese Lagersteifigkeit ist in Abbildung 51 dargestellt. Durch Drehen der Büchse um 90° wird die Steifigkeit wesentlich beeinflußt. Während einmal eine Steifigkeit von 110 kg/µ erst nach einer Verformung von 16 µ auftritt (hier kommt entsprechend Abbildung 49 die Büchse offenbar zur Anlage), ist dieser Wert nach Drehen der Büchse bereits von vornherein erreicht. Dieser Versuch zeigt außerdem, daß der Starrheitsgrad von der Kraftrichtung abhängig sein kann. Es ist also durchaus nicht selbstverständlich, daß die Starrheit infolge der rotationssymmetrischen Anordnung der Bauelemente in allen Richtungen gleich ist.

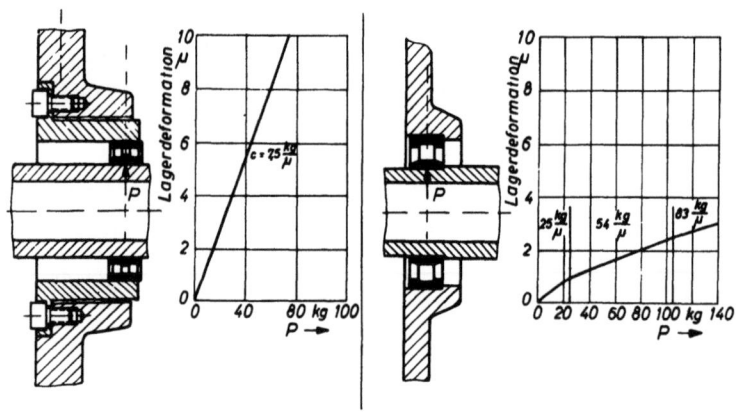

Abbildung 50
Gegenüberstellung zweier Konstruktionen

Für die konstruktive Gestaltung lassen sich aus den Versuchsergebnissen einige Hinweise entnehmen.

Die Lagerkräfte müssen unter Vermeidung von Biegemomenten in das Gehäuse eingeleitet werden.

Die Toleranzen sind so eng als möglich zu wählen. Eine Verstärkung der Wälzlageraußenringe ermöglicht gegebenenfalls das Einpressen des Wälzlagers.

Bei der Verwendung einer Zwischenbüchse ist das Lager möglichst nahe am Flansch anzuordnen.

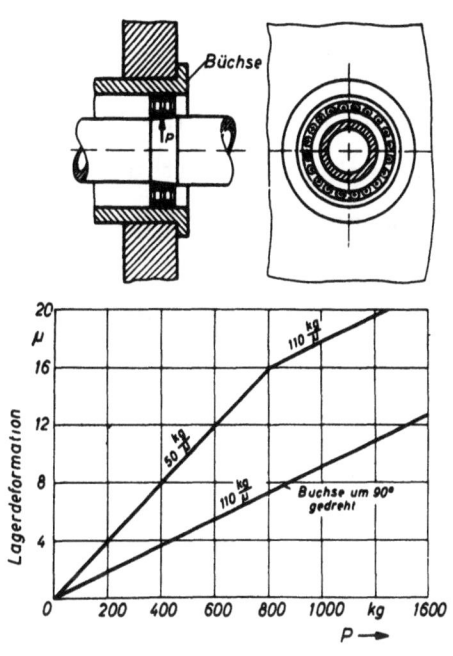

Abbildung 51

Einfluß der Büchsenstellung auf die Starrheit

3.05 Spindel als Biegebalken auf elastischen Stützen

Während für den starr gelagerten Biegebalken die Steifigkeit um so größer wird, je größer der Stützenabstand ist, gilt dies nicht mehr für den Biegebalken auf elastischen Auflagern, dem die Arbeitsspindeln entsprechen. Es soll zunächst eine Spindel mit konstantem Trägheitsmoment betrachtet werden. Wie bereits erwähnt, läßt sich die Betrachtung des Biegebalkens auf elastischen Stützen getrennt durchführen für einen Balken auf starren Stützen und einen starren Balken auf elastischen Stützen. Dabei interessiert vorwiegend, in welcher Weise die Gesamtdurchbiegung von der Stützenweite - Lagerabstand abhängig ist. Daß die Steifigkeit mit größerem Trägheitsmoment und kleinerer Auskraglänge a wächst, gilt auch für den elastisch gestützten Balken und braucht also nicht näher untersucht zu werden.

Ebenso vergrößert sich die Steifigkeit durch steifere Auflager. In den Abbildungen 52 und 53 ist die Durchbiegung x_1 bzw. x_2 in Abhängigkeit vom Lagerabstand b aufgetragen. Um eine dimensionslose Darstellung zu ermöglichen, wurde der Lagerabstand auf die Auskraglänge a bezogen und für die Ordinate der Ausdruck $x_1 \cdot \frac{C_o}{P}$ bzw. $x_2 \cdot \frac{C_A}{P}$ gebildet. Die Kurven geben jedoch die Abhängigkeit der Durchbiegung vom Lagerabstand wieder, wenn man die übrigen Größen konstant hält. Für die Spindeldurchbiegung sind noch zwei Fälle unterschieden, nämlich einmal der Biegebalken mit konstantem Trägheitsmoment über die gesamte Länge und zum zweiten der Biegebalken mit konstantem Trägheitsmoment über dem Bereich, der zwischen den Lagern liegt, und einem wesentlich größeren Trägheitsmoment im auskragenden Teil, so daß die Biegelinie in diesem Teil geradlinig verläuft. Auf die Ableitung der in Abbildung 52 und 53 graphisch darge-

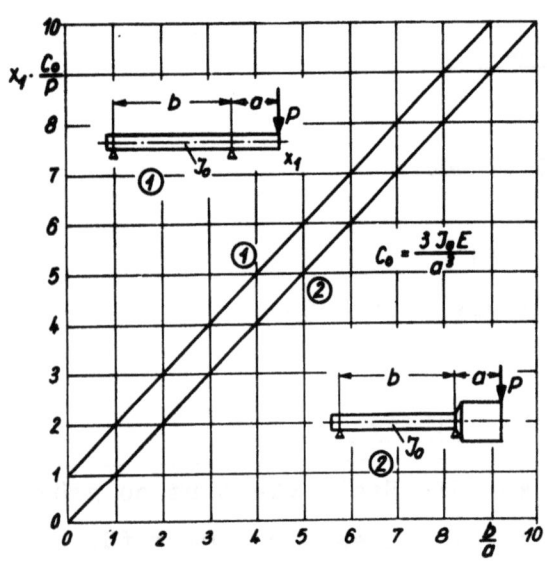

Abbildung 52
Spindeldurchbiegung in Abhängigkeit von dem Verhältnis b/a

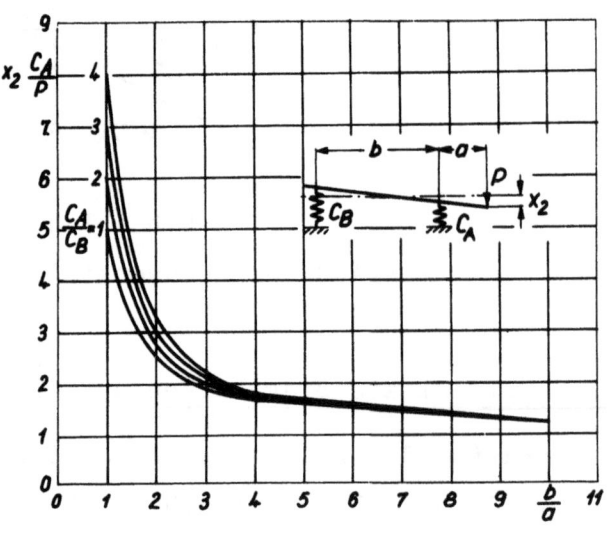

Abbildung 53
Lagerdeformation in Abhängigkeit vom Verhältnis b/a

stellten Funktionen sei hier verzichtet. Man erkennt, was auch unmittelbar einzusehen ist, daß die Spindeldurchbiegung x_1 mit größerem Lagerabstand b ebenfalls größer wird; die Durchbiegung x_2, die infolge der Lagerelastizität auftritt, wird mit größerem Lagerabstand geringer.

In Abbildung 54 sind für eine bestimmte Spindel, die durch die Werte C_A, C_B und C_o bis auf den Lagerabstand b in ihren Abmessungen festliegt, die Durchbiegung x_1 und x_2 sowie die Gesamtdurchbiegung $(x_1 + x_2)$ über dem Lagerabstand aufgetragen. Für einen bestimmten Lagerabstand wird die Gesamtdurchbiegung ein Minimum. Bei Vergrößerung oder Verkleinerung dieses optimalen Lagerabstandes wird die Durchbiegung größer. Man ersieht aus Abbildung 54 ferner, daß eine Verkleinerung des Lagerabstandes eine wesentlich stärkere Zunahme der Durchbiegung zur Folge hat, als dies bei einer Vergrößerung des Lagerabstandes der Fall ist.

Für das gewählte Beispiel ist die Wahl des Lagerabstandes zwischen b = 2a bis 5a ohne allzu große Änderung der Durchbiegung möglich. Bei lang auskragenden Spindeln hingegen ist das Minimum schärfer ausgeprägt.

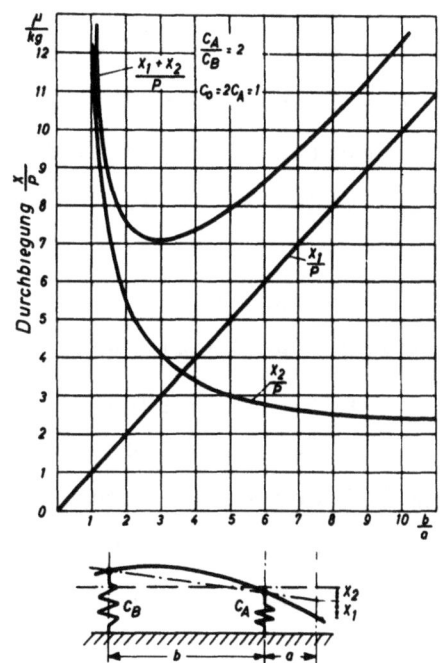

Abbildung 54
Ermittlung des optimalen Lagerabstandes

Diese Betrachtungen gelten zunächst nur für Spindeln mit konstantem Trägheitsmoment. Inwieweit bei einer Spindel mit veränderlichem Trägheitsmoment der vorhandene Lagerabstand dem optimalen Lagerabstand angenähert ist, läßt sich feststellen, wenn man die Spindel mit veränderlichem Trägheitsmoment durch eine mit konstantem Trägheitsmoment ersetzt. Die Spindel in Abbildung 46a ist in dieser Weise durch eine Spindel mit konstantem Trägheitsmoment J_o ersetzt. Die Spindelstarrheit beträgt 50 kg/μ, das Verhältnis Lagerabstand b zu Auskraglänge a ist b/a = 600/120 = 5. Für C_o ergibt sich aus Abbildung 13: $C_o \cdot x_1/P = 5$; dann ist $C_i = 5 \cdot P/x_1 = 5 \cdot 50 = 250$ kg/μ. Daraus ermittelt sich das Trägheitsmoment J_o zu 685 cm^4. Für die weitere Rechnung ist jedoch nur C_o erforderlich. Für die Lagersteifigkeit wird ein Verhältnis von $C_A/C_B = 2$, und für die Größe von C_A werden die Werte 30, 60 und 120 kg/μ angenommen. Unter diesen Annahmen wird in der gleichen Weise in Abbildung 15 die Gesamtdurchbiegung in Abhängigkeit vom Lagerabstand ermittelt. Man erhält die Kurven entsprechend den Federsteifigkeiten C_A (Abb. 55). Der optimale Lagerabstand liegt zwischen b = 3a bis 5a. Da die Kurven jedoch sehr flach verlaufen, ist die Wahl des Lagerabstandes nicht sehr kritisch. Der Lagerabstand von b = 5a ist also gut gewählt. Befestigt man an der Spindel ein Futter mit einem Werkstück, so wird die Auskraglänge erheblich vergrößert. Da der Lagerabstand konstant bleibt, ändert sich das Verhältnis b/a. Infolge der Änderung der Auskraglänge müssen die Kurven für die Durchbiegung als Funktion des Lagerabstandes neu ermittelt werden. Man entnimmt aus Abbildung 55, daß für die Spindel mit der größeren Kraglänge der optimale Lagerabstand bei etwa b = 1 a bis 2 a liegt. Der Lagerabstand der Spindelkonstruktion, der 2 · a beträgt, ist also auch hier bei der größeren Auskraglänge günstig gewählt. Während bei der kurzen Kraglänge die Kurven für die Durchbiegung zum Teil sehr flach verlaufen, ist bei der langauskragenden Spindel das Optimum für den Lagerabstand viel stärker ausgeprägt. Bei Spindeln mit großer Auskraglänge, z.B. Spindeln von Horizontalbohrwerken, ist der Lagerabstand also wesentlich genauer zu bestimmen.

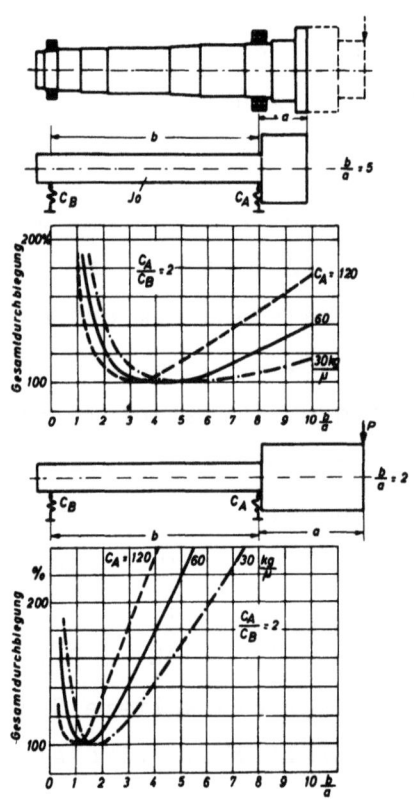

A b b i l d u n g   55

Bestimmung optimaler Lagerabstände

3.06 Einfluß der Zahnkraft am Bodenrad einer Drehbankspindel auf die Verformung

Die Wirkungslinie der resultierenden Schnittkraft an einer Arbeitsspindel geht nicht durch die Spindelmitte, so daß an der Spindel ein Drehmoment entsteht. Dieses Drehmoment muß vom Antrieb her in die Spindel eingeleitet werden. Geschieht dies durch ein Zahnrad, so belastet die am Zahnrad wirkende Zahnkraft die Spindel ebenfalls auf Biegung. Durch die Wahl in der Anordnung des Bodenrades ist man in der Lage, diese Biegekraft längs der Spindel an einer beliebige Stelle wirken zu lassen. Die Richtung dieser Kraft wird dann noch von der Anordnung des Ritzels bestimmt. Man wird zweckmäßigerweise dafür sorgen, daß die resultierenden Schnittkraft und die Zahnkraft in die gleiche Lastebene fallen. Für die Anordnung des Bodenrades auf der Spindel sind dann folgende Gesichtspunkte zu berücksichtigen (Abb. 56).

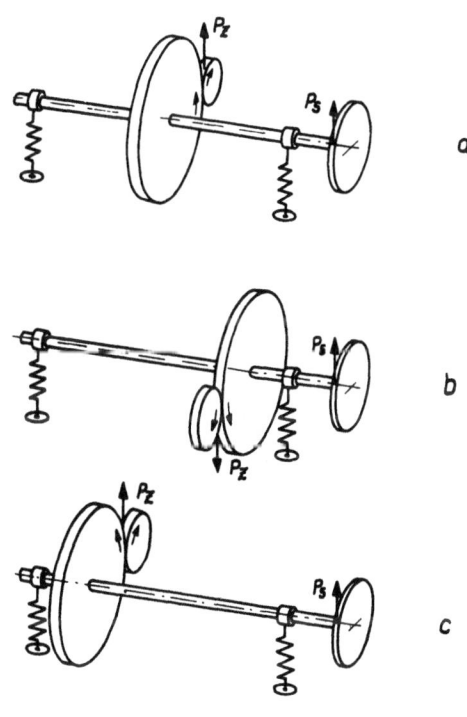

Abbildung 56
Anordnung von Bodenrad und Ritzel

Soll die Zahnkraft dem Biegemoment, das durch die Schnittkraft entsteht, entgegenwirken und somit die Durchbiegung verkleinern, so muß das Bodenrad etwa in der Mitte zwischen den Lagern angeordnet werden (Abb. 56a).

Mit Rücksicht auf das dynamische Verhalten ist diese Anordnung nicht zweckmäßig. Man wird das Bodenrad vielmehr in die unmittelbare Nähe eines Lagers setzen. Dabei ist nur darauf zu achten, daß die Zahnkraft jeweils der Lagerreaktion entgegenwirkt (Abb. 56b und 56c).

3.07 Messung der Verformung bei Belastung durch ein Drehmoment

Wie sich die Anordnung von Bodenrand und Ritzel bei einer Drehbankspindelkonstruktion auswirkt, läßt sich einfach dadurch erfassen, daß man an der Spindelnase keine reine Biegekraft, sondern ein Drehmoment aufbringt. Die Biegelinie wird wiederum in der Spindelbohrung gemessen, jedoch in zwei senkrecht aufeinanderstehenden Komponenten. Abbildung 57 zeigt einen Versuch an einem Prüfstand, bei dem eine Drehbankspindel mit einem Moment belastet wurde. Zwischen den beiden Lagern wirkt das Gegenmoment durch die Kraft P_Z am Hebelarm R, die eine Verbiegung der Spindel in horizontaler Richtung bewirkt.

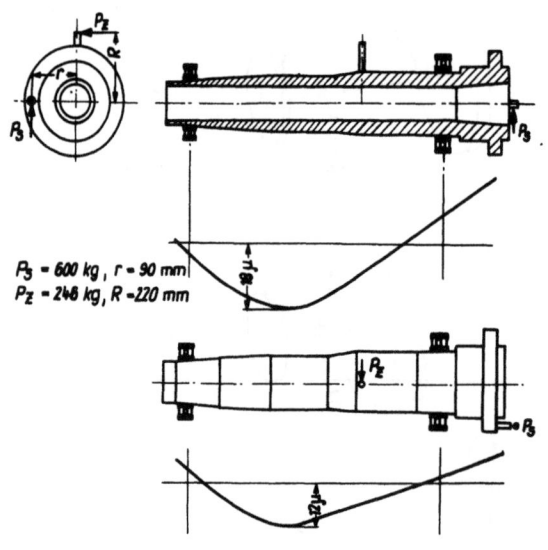

A b b i l d u n g   57

Spindelverformung unter der Belastung durch ein Moment

3.08 Wälzlageruntersuchungen

Bei der Betrachtung der Einzelanteile an der Gesamtverformung wurde festgestellt, daß der Anteil der Lagerung an der Gesamtverformung zwischen 30 und 50 % liegt. Das war der Grund für eingehende experimentelle Lageruntersuchungen. Die in der Literatur angegebenen Berechnungsmethoden ergeben sehr unterschiedliche Verformungswerte, die überdies mit den tatsächlich gemessenen Werten kaum übereinstimmen. Einer der Gründe hierfür ist, daß die Lastverteilung, die der Berechnung zugrunde gelegt wird, der tatsächlichen Lastverteilung nicht entspricht (Abb. 58). Die rechts im Bild zu sehende tatsächliche Lastverteilung wird hervorgerufen:

1) durch das im Lager vorhandene Radialspiel,
2) durch Formfehler der Lageraufnahmesitze.

Abbildung 59 stellt die Lagerverformung in Abhängigkeit vom Lagerspiel dar. Hinzuweisen ist auf den linken Teil des Bildes. Der Quotient, gebildet aus Verformung mit Spiel durch Verformung ohne Spiel in Abhängigkeit vom Radialspiel, verläuft für die verschiedenen Laststufen streng linear. Die Steigung der so entstehenden Geraden nimmt mit zunehmender Last ab. Die Begründung hierfür liegt darin, daß mit zunehmender Verformung der Einfluß des Spiels immer geringer wird. Dadurch werden mehr Wälzkörper zur Aufnahme der Last herangezogen.

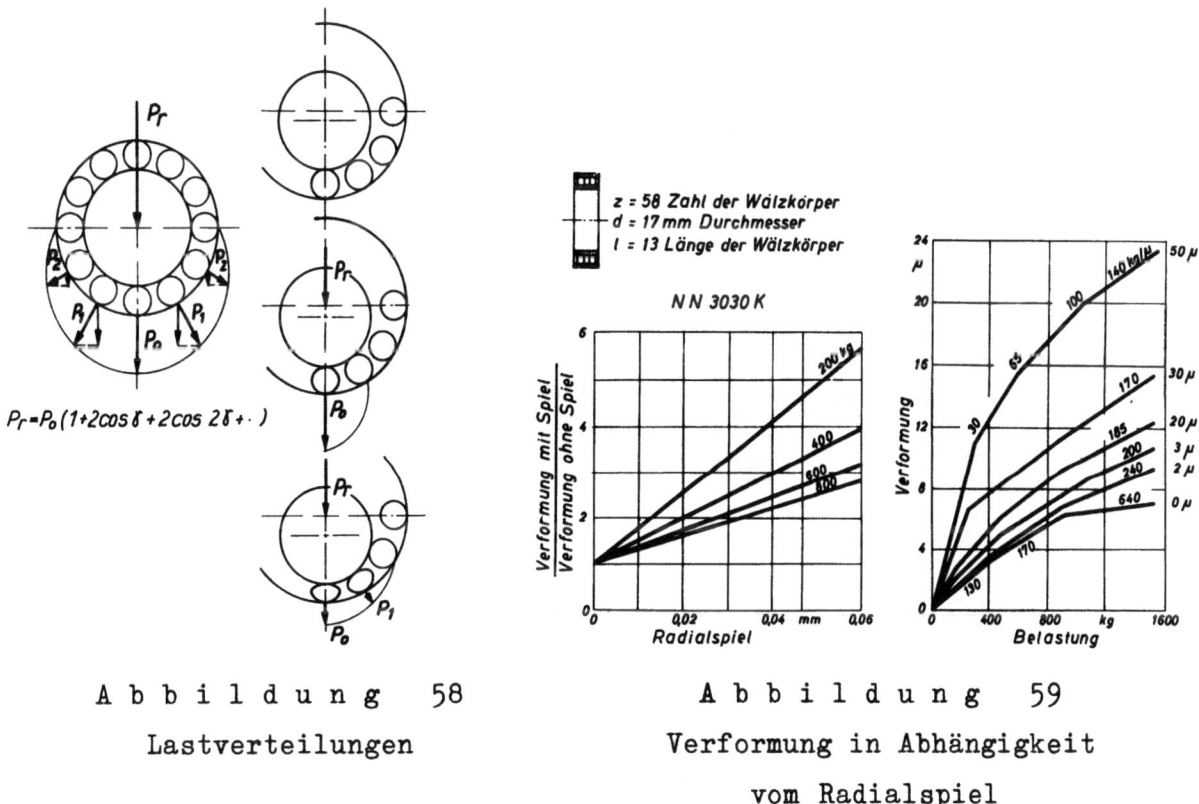

Abbildung 58
Lastverteilungen

Abbildung 59
Verformung in Abhängigkeit vom Radialspiel

Abbildung 60 zeigt den Einfluß der Formfehler auf die Lagerverformung bei einem Zylinderrollenlager NN 30 24 K. Der Kreisformfehler des Wellensitzes betrug maximal nur 2μ. Das eingestellte Lagerspiel war mit ca. 1μ ebenfalls sehr klein. Lediglich die Aufnahmebohrung hatte eine elliptische Form, deren maximale Abweichung von der Kreisform etwa 6 bis 7μ betrug. Das genügt jedoch, um die Verformung bei einer Last von z.B. 200 kg je nach der Belastungsrichtung zwischen 1,2 und 6 μ schwanken zu lassen. Auf der linken Hälfte des Bildes sieht man, daß in der Richtung, in der eine geringere Verformung gemessen wurde, durch die Formfehler eine bessere Anschmiegung ermöglicht wird.

Daneben ist ein Sondernadellager untersucht worden, daß in seinen äußeren Abmessungen genau dem Zylinderrollenlager NN 3024 K entspricht, (Abb.61). Dieses Lager hatte aber einen in radialer Richtung wesentlich stärker ausgebildeten Außenring als das entsprechende Rollenlager. Die Verformungsschwankungen in Abhängigkeit von der Belastungsrichtung liegen daher in wesentlich kleineren Grenzen als bei dem Rollenlager, obwohl die Formfehler der Wälzlagersitze dabei unverändert bleiben. Bei dem stark dimensionierten Außenring können die Formfehler also nicht so sehr auf die Verformung einwirken. Wegen seiner hohen Eigensteifigkeit schmiegt dieser Ring sich nicht genau an die Formfehler der Aufnahmebohrung an. Dadurch wird der im Lager wirksame Formfehler verringert.

Darüber hinaus erkennt man, daß die Federsteife dieses Lagers nahezu doppelt so groß ist wie die des Zylinderrollenlagers. Das ist darauf zurückzuführen, daß bei dem Nadellager auf gleichem Umfang mehr als die

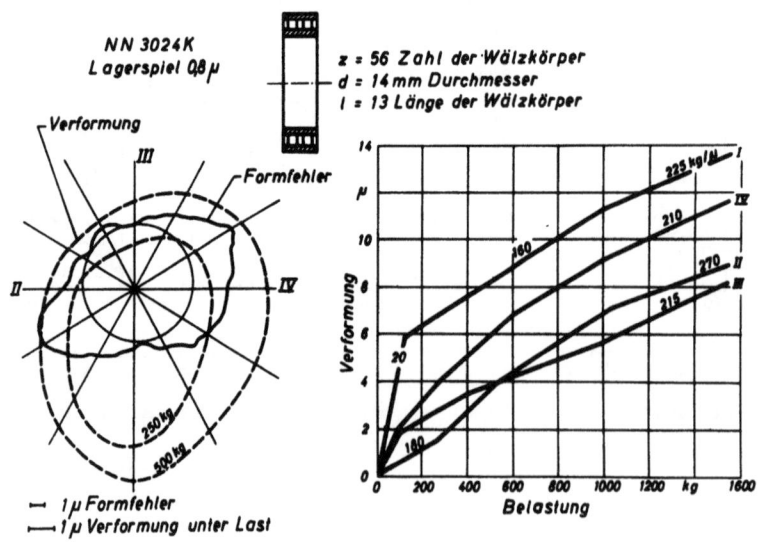

Abbildung 60
Einfluß der Formfehler auf die Lagerverformung

3-fache Anzahl Wälzkörper untergebracht wurde. Eine theoretische Betrachtung hat gezeigt, daß viele kleine Wälzkörper, die einen bestimmten Umfang lückenlos ausfüllen, ein wesentlich steiferes Lager ergeben als wenige, jedoch entsprechend größere Wälzkörper, die auf dem gleichen Umfang lückenlos untergebracht werden. Die Abnahme der Verformung in Abhängigkeit von der Wälzkörperzahl erfolgt nach einer Hyperbel. Durch konstruktive und fertigungstechnische Maßnahmen besteht bei Wälzlagern also ebenfalls noch die Möglichkeit, einen höheren Starrheitsgrad zu erreichen. In Abbildung 62 wird die Verformung eines Zylinderrollenlagers NN 3010 K dargestellt, dessen Außenring in einer geläppten Bohrung sitzt. Der maximale Kreisformfehler liegt zwischen 1 und 2 μ. Bei einer

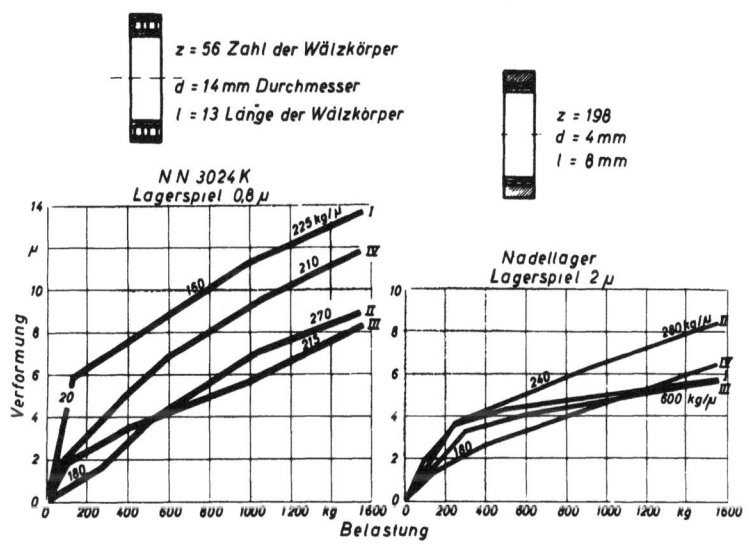

Abbildung 61
Verformungsvergleich zweier Lager

Gesamtlast von 300 kg schwankt die Lagerverformung je nach der Belastungsrichtung nur noch zwischen 6,5 und 8,5 μ. Diese Verringerung der Verformungsschwankung ist besonders beachtlich, wenn man berücksichtigt, daß es sich hier um ein wesentlich kleineres Lager handelt als im vorhergehenden Beispiel. Daraus geht hervor, daß sich eine Feinstbearbeitung der Wälzlagersitze lohnt. Formfehler werden dadurch verringert und eine in allen Richtungen steifere Lagerung erreicht.

Eine weitere Möglichkeit, die Starrheit einer Lagerung zu erhöhen, bietet die Lagervorspannung. Hierzu wurden zahlreiche Versuche durchgeführt.

Es ist aber schwierig, die Lagervorspannung durch eine Kraft oder eine Spannung auszudrücken. Deshalb wurde bei diesen Untersuchungen der Begriff "negatives Spiel" übernommen. Bei den untersuchten Lagern handelt es sich ausschließlich um einstellbare Lager, deren Innenring eine kegelige Bohrung hat. Bei einer bestimmten axialen Verschiebung des Innenringes läßt sich auf Grund der Kegelsteigung eine bestimmte Durchmesseränderung erreichen. Geht man also von einem gemessenen kleinen Radialspielwert aus, so kann man durch eine entsprechende Durchmesservergrößerung des Innenringes eine Vorspannung erreichen, die durch einen negativen Spielwert gekennzeichnet ist. Diese Vorspannungsangabe liefert zwar nur einen theoretischen Wert, der sich jedoch sehr genau reproduzieren läßt, was für Vergleichsmessungen unerläßlich ist. Das heißt also, daß die nach der beschriebenen Methode eingestellten negativen Spielwerte nicht mit dem tatsächlichen Spielwert übereinstimmen, weil die durch das negative Spiel gekennzeichnete Vorspannung ihrerseits ja wiederum Deformationen in der Aufnahmebohrung und an der Hohlspindel hervorruft. Der tatsächliche negative Spielwert wird also immer kleiner sein als der nach vorstehender Methode bestimmte Spielwert. Dadurch wird aber die Reproduzierbarkeit der Ergebnisse nicht beeinflußt.

An einem zweireihigen Zylinderrollenlager NN 3010 K, bei dem das eingestellte negative Spiel -10μ betrug, wurde der Einfluß der Vorspannung auf die Verformungsschwankungen untersucht (Abb. 63). Man erkennt, daß bei der gewählten Vorspannung praktisch keine Richtungsabhängigkeit der Verformung mehr besteht. Die Meßpunkte liegen im Gegensatz zu den vorher besprochenen Messungen in einem schmalen Streubereich. Die bei der ge-

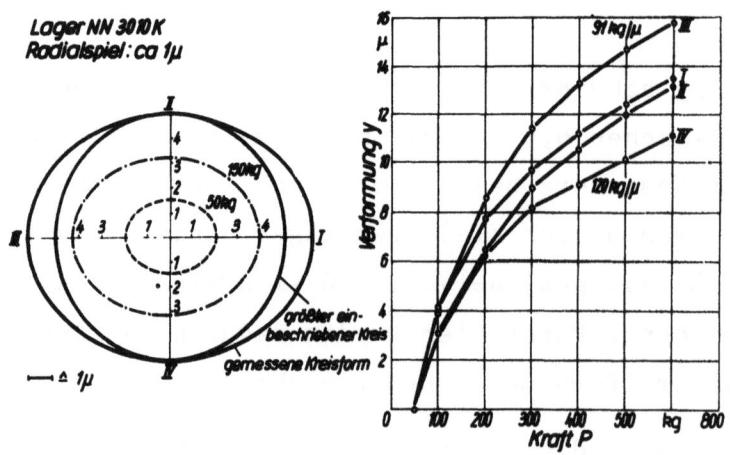

A b b i l d u n g 62
Verformung eines Lagers in geläppter Bohrung

läppten Bohrung noch bestehenden kleinen Formfehler wurden also durch die Vorspannung ausgeglichen. Der Grund hierfür ist, daß auch bei kleinen Belastungen infolge der Vorspannung alle in Lastrichtung liegenden Wälzkörper zur Aufnahme der Last herangezogen werden. Dadurch wird auch geklärt, weshalb hier Verformung und Last praktisch linear zusammenhängen. Die Steifigkeit des Lagers liegt mit 60 kg/µ aber erheblich unter dem nach der Formel von BOCHMANN errechneten Wert von 145 kg/µ. Dieser Unterschied ist in der leichten Konizität der geläppten Aufnahmebohrung

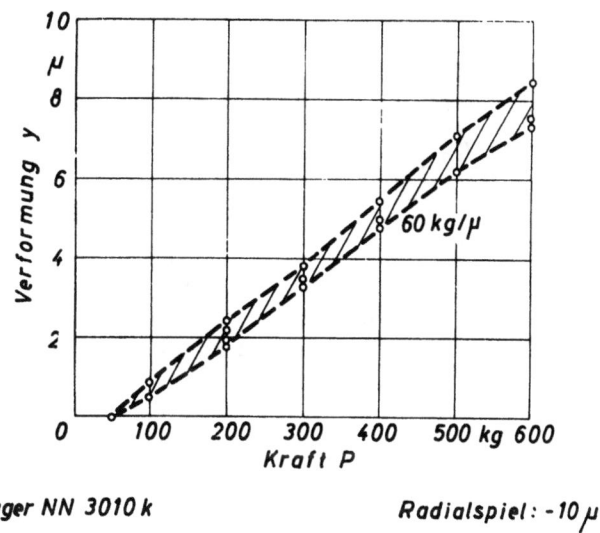

Abbildung 63

Verformungsschwankungen bei geläppter Aufnahmebohrung

begründet. Sie betrug etwa 6 bis 7 µ auf einer Länge von 20 mm. Wie Abbildung 64 zeigt, hat das Lager bei einer über 7 µ hinausgehenden Verformung mit 115 kg/µ eine fast doppelt so große Steifigkeit. Dieser Wert ist mit dem errechneten Wert schon vergleichbar. Die Erklärung liegt darin, daß infolge Konizität der Bohrung erst nach einer gewissen Verformung die zweite Wälzkörperreihe zum Tragen kommt. Selbstverständlich hat das Lager dann erst seine volle Steifigkeit erreicht. Eine Abweichung von der Zylinderform wird auch oft am Innenring dieser Lager festgestellt. Infolge der kegeligen Bohrung erhält man ungleichmäßige Querschnitte für die im Ring beim Aufpressen wirkenden Zugkräfte. Die Folge ist, eine mit abnehmendem Querschnitt zunehmende Spannung. Damit wird die ungleichmäßige Dehnung, aus der die Abweichung von der Zylinderform folgt, erklärt. Es zeigt sich also, daß sich neben den Kreisformfehlern auch die Abweichungen von der Zylinderform auf die Starrheit der Lagerung auswirken.

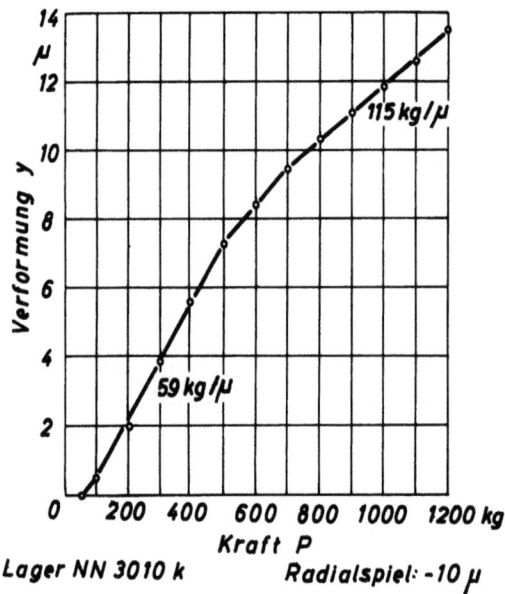

Abbildung 64

Einfluß einer konischen Aufnahmebohrung

3.09 Einfluß der Vorspannung

In weiteren Untersuchungen wurde der Einfluß des vorgespannten Lagers auf die statische und dynamische Starrheit sowie das Verhalten beim Drehen des Systems "Spindel-Lagerung" festgestellt.

Abbildung 65 zeigt drei gemessene Biegelinien des Systems "Spindel-Lagerung" für drei verschiedene Radialspielwerte des Hauptlagers. Bei allen Messungen blieb das Radialspiel des Schwanzlagers mit ca. 2 μ konstant. Man sieht, daß mit geringer werdendem Radialspiel die Gesamtverformung bei einer Last von P = 1000 kg von 30 μ auf 16 μ zurückgeht. Der Hauptanteil an der Verminderung der Gesamtverformung entfällt auf das Lager, dessen Anteil von 16 μ auf 5 μ abfällt. Die Spindelverformung nimmt gleichfalls etwas ab, da das vorgespannte Lager ein auf die Spindel versteifend wirkendes Einspannmoment ausübt. Offensichtlich genügt eine geringe Lagervorspannung, um eine beträchtliche Erhöhung des Starrheitswertes zu erzielen.

Forschungsberichte des Wirtschafts- und Verkehrsministeriums Nordrhein-Westfalen

Für das dynamische Verhalten des Systems "Spindel-Lagerung" sind folgende Größen kennzeichnend:

1. Eigenfrequenz der Spindel,
2. Schwingungsamplitude bei Resonanz,
3. Schwingungsform,
4. Dämpfung der Lagerung,
5. Wechselkraft der Erregeranlage.

Der dynamische Starrheitsgrad ist in Analogie zum statischen Starrheitsgrad als Quotient aus Wechselkraft und Schwingungsamplitude definiert. Einen hohen dynamischen Starrheitsgrad erreicht man durch eine hohe

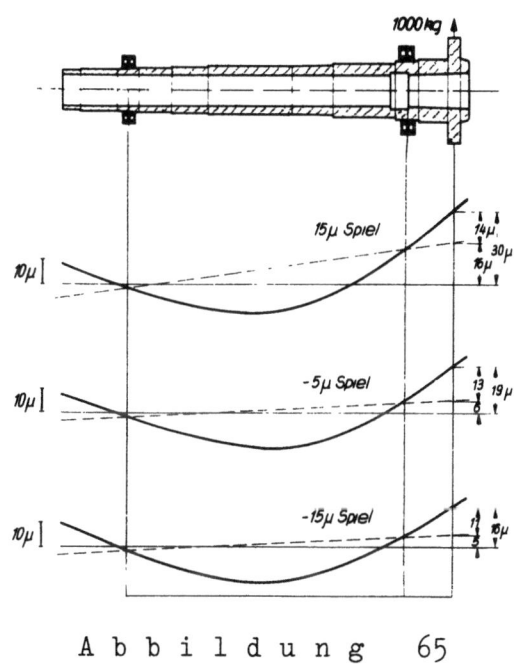

A b b i l d u n g   65

Gesamtverformung in Abhängigkeit vom Radialspiel

Biegeeigenfrequenz der Spindel, durch eine kleine Masse bei großer Federsteife und durch eine starke Dämpfung des schwingenden Systems. In diesem Zusammenhang wurde der Einfluß der Vorspannung auf die dynamische Starrheit untersucht (Abb. 66).

Links auf dem Bild sind die Frequenzspektren für verschiedene Radialspielwerte wiedergegeben. Man erkennt deutlich den Einfluß auf das Frequenzspektrum. Der Unterschied zwischen den einzelnen Radialspielwerten wird sichtbar in der Verschiebung der Spindeleigenfrequenz von etwa

240 Hz nach fast 270 Hz. Diese erhöhte Eigenfrequenz resultiert aus einer erhöhten Starrheit der Spindel bei negativem Spiel, auf die schon hingewiesen wurde.

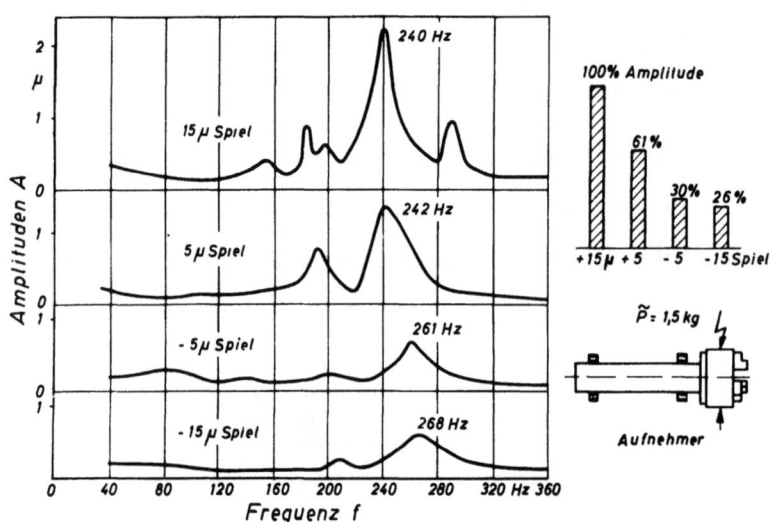

Abbildung 66

Einfluß der Vorspannung auf Resonanzfrequenz
und Resonanzamplitude

Rechts oben im Bild ist die Abnahme der Resonanzamplitude mit kleiner werdendem Spiel zu erkennen. Man sieht, daß die Amplitude bei 1,5 kg Wechselkraft von über 2 μ bei einem Spiel von 15 μ auf weniger als 0,6 μ bei -15 μ Spiel zurückgeht. Das entspricht einer Verringerung der Amplitude um mehr als 70 % im Vergleich zum ersten Wert. Die Amplitudenabnahme wird einmal durch die erhöhte Steifigkeit hervorgerufen, zum anderen wird hier zusätzlich eine stärkere Dämpfung wirksam, die mit geringer werdendem Spiel zunimmt.

Abbildung 67 gibt die Dämpfungswerte in Abhängigkeit vom Spiel an. Man erkennt, daß der Dämpfungswert D mit der Spieländerung fast doppelt so groß wird. Dieser starke Anstieg der Dämpfung wird durch Reibung an den Kontaktstellen zwischen Wälzkörpern und Laufbahnen hervorgerufen. Dabei nehmen naturgemäß die Größe der Reibung und die Anzahl der Kontaktstellen mit kleiner werdendem Spiel zu. Ein Vergleich dieser Dämpfungswerte mit den bei der Untersuchung einer gleitgelagerten Maschine (Vollbüchsenlager) gefundenen Dämpfungswerten ergab, daß entgegen der allgemeinen Ansicht zwischen den Dämpfungswerten von Gleit- und Wälzlagerungen kein nennenswerter Unterschied besteht. Insgesamt gesehen, lassen die dynamischen Untersuchungen erkennen, daß eine geringe Vorspannung der Lager einer Verbesserung im dynamischen Verhalten des Systems Spindel-Lagerung bringt. Es tritt also die gleiche Tendenz wie bei den statischen Untersuchungen mit negativem Spiel auf.

Die Ergebnisse wurden durch Drehversuche am Spindelprüfstand bestätigt.

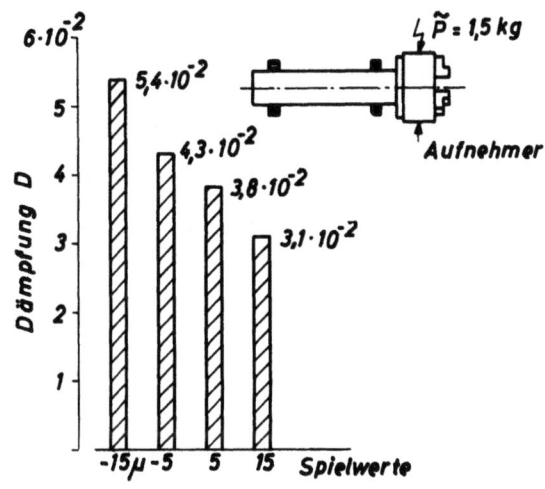

Abbildung 67

Dämpfung als Funktion der Vorspannung

Zunächst untersuchte man beim Feindrehen die Wirkung des veränderten Lagerspiels auf die Führungsgenauigkeit der Spindellagerung. Als Kenngröße für die Führungsgenauigkeit wurden der Kreisformfehler und die Oberflächengüte gewählt.

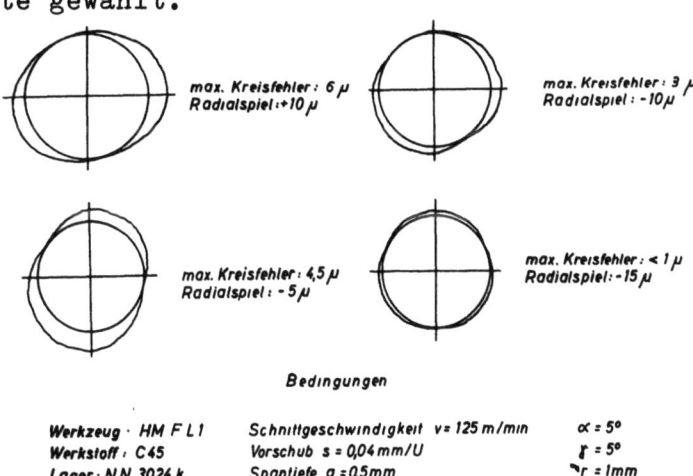

Abbildung 68

Kreisformfehler in Abhängigkeit von der Vorspannung

Seite 63

Abbildung 68 zeigt die Kreisformmessungen für verschiedene Spielwerte. Bei den Versuchen sind alle anderen Bedingungen, die ebenfalls auf dem Bild wiedergegeben sind, konstant gehalten worden. Ferner sei darauf hingewiesen, daß der Aufbau auf dem Spindelprüfstand bestenfalls dem einer normalen Produktionsdrehbank entspricht, keineswegs aber mit einer Feindrehbank zu vergleichen ist. Allein durch die Lagervorspannung erhält man also einen Rückgang des maximalen Kreisformfehlers von 6 µ auf weniger als 1 µ.

Aus Abbildung 69 ist die Einwirkung der Spielverringerung auf die Oberflächengüte zu ersehen. Die Oberfläche zeigt bei einem Radialspiel von 1/100 mm eine Rauhtiefe von ungefähr 8 µ. Bei einem negativen Spiel von -5 µ sinkt die Rauhtiefe auf weniger als 2 µ.

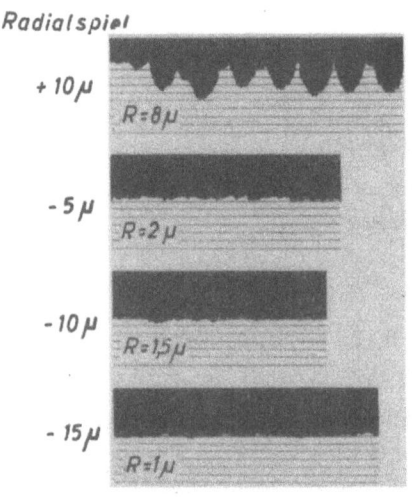

A b b i l d u n g   69
Lagervorspannung und Oberflächengüte

Aus den vorstehend besprochenen Versuchen geht deutlich hervor, daß eine geringfügige Lagervorspannung ausreicht, um eine Verbesserung des Drehbildes durch eine erhöhte Führungsgenauigkeit zu ermöglichen.

Kriterium bei solchen Untersuchungen ist der Ratterversuch. Hier soll nicht auf die Mechanik des Ratterns eingegangen werden; es sei lediglich der Einfluß des Radialspiels auf die Ratteramplitude und die Ratterneigung betrachtet. In Abbildung 70 ist eine Meßreihe wiedergegeben. Es ist bekannt, daß die Ratteramplitude, über der Schnittgeschwindigkeit aufgetragen, ein Maximum hat. Diese Schnittgeschwindigkeit maximalen Ratterns wurde zunächst festgelegt, dann wurden bei dieser Schnittgeschwindigkeit für verschiedene Radialspielwerte Ratterversuche durchgeführt. Man erkennt: Bei geringerer Spielverminderung wird die Ratteramplitude merklich kleiner. Von einem bestimmten kleinen Lagerspiel an hört das Rattern gänzlich auf. Hierzu läßt sich sagen, daß einmal eine erhöhte Federsteife, zum anderen eine stärkere Dämpfung das Rattern wesentlich beeinflussen.

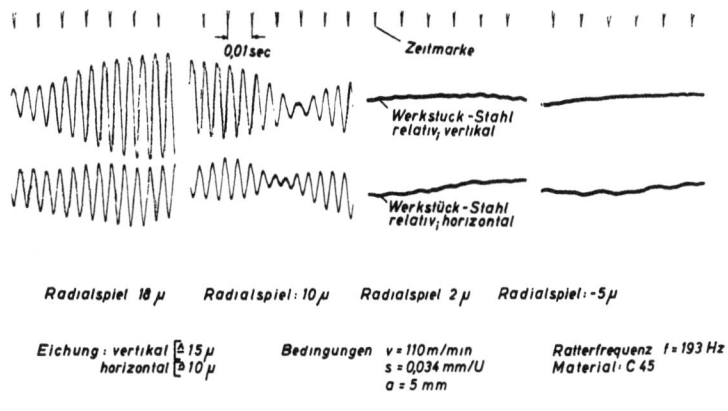

A b b i l d u n g   70

Ratteramplitude bei verschiedenen Radialspielwerten

Bei den vielen Versuchen mit negativem Lagerspiel tauchte die Frage auf, ob die thermische Belastung der Lager nicht zu hoch wird. Am Spindelprüfstand wurde daraufhin eine Meßeinrichtung angebracht, die es gestattete, am Außenring des Lagers die Temperatur zu messen. Die verwendeten Temperaturfühler haben als Meßelement ein Kügelchen von 0,5 mm ⌀. So kann die Temperatur an einer räumlich eng begrenzten Stelle gemessen werden.

Zunächst wurde nun, wie in Abbildung 71 dargestellt, die Temperatur in Abhängigkeit vom Spiel gemessen. Man erkennt, daß zwar mit negativem Spiel die Lagertemperatur ansteigt, dieser Temperaturanstieg aber linear bleibt; wenigstens in dem untersuchten Bereich ist ein progressiver Anstieg der Temperatur nicht festgestellt worden. Untersucht wurde ein Lager der Reihe NN 3024 K. Die Lagerung war mit einer Tropfschmierung ausgerüstet. Bei einer geeigneten Kühlschmierung müßten die gemessenen Temperaturen also noch niedriger sein. Die hier dargestellten Temperaturwerte wurden nach einer Laufzeit von jeweils 60 min erreicht. Bei der für verschiedene Bedingungen ebenfalls gemessenen Beharrungstemperatur war nämlich keine wesentliche Temperatursteigerung mehr festzustallen. Auch die Tendenz blieb die gleiche.

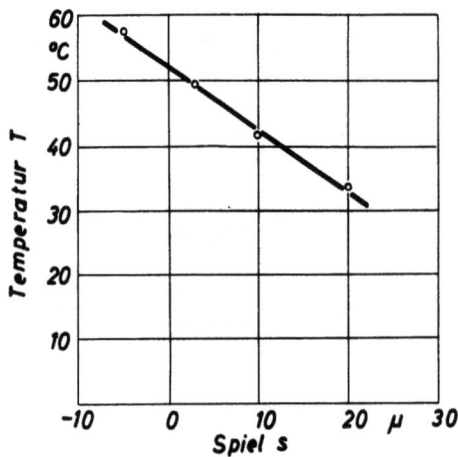

Abbildung 71

Lagertemperatur über dem Radialspiel

Bedingungen: $n = 730 \text{ min}^{-1}$

$t = 60 \text{ min}$

Tropfschmierung

Bei diesen Versuchen konnte die Frage der Lebensdauer bei negativem Spiel nicht untersucht werden. Hier wären noch umfangreiche Untersuchungen zweckmäßig, die allerdings nur von der Wälzlager-Industrie durchgeführt werden könnten.

3.10 Zusammenfassung

Entsprechend den gesteigerten Forderungen nach Starrheit einer Werkzeugmaschine ist in erster Linie eine starre Ausbildung der Arbeitsspindel notwendig. Es wird der Starrheitsgrad einer Spindel definiert. Die Gesamtverformung ist aufzuteilen in zwei Anteile: die reine Spindelverformung und die Lagerverformung. Die Spindelsteifigkeit läßt sich mit ausreichender Genauigkeit vorausbestimmen. Die Starrheit der Lagerstellen hängt im wensentlichen vom Einbau der Lager ab. In vielen Fällen wird die Starrheit des Wälzlagers nur zu einem geringen Teil erreicht. Für die Spindel als Biegebalken auf elastischen Stützen ergibt sich ein opti-

maler Lagerabstand, für den die Durchbiegung ein Minimum wird. Es wird
ein Verfahren zur Bestimmung dieses optimalen Lagerabstandes angegeben.
Beim Antrieb der Arbeitsspindel durch das Zahnrad entsteht durch Zahnkraft eine weitere Biegebelastung der Spindel, die durch zweckentsprechende Anordnung von Bodenrand und Ritzel aufgenommen werden muß. Um
dies beurteilen zu können, wird eine Verformungsmessung in zwei Komponenten längs der Spindel bei Belastung durch ein Drehmoment vorgeschlagen.

Es werden verschiedene Wege gezeigt, wie man die Eigenschaften des
Systems Spindel-Lagerung beeinflussen kann. An statischen Untersuchungen
wird der Einfluß der Formgenauigkeit der Wälzlagersitze und des im Wälzlager eingestellten Radialspieles auf den Starrheitsgrad nachgewiesen.
An dynamischen Messungen wird die Erhöhung des dynamischen Starrheitsgrades und der Dämpfung durch die Lagervorspannung gezeigt. Dabei ergibt sich eine zu den statischen Messungen analoge Tendenz. Drehversuche
veranschaulichen, wie das Arbeitsergebnis beim Feindrehen und beim Rattern durch die Lagervorspannung beeinfluß wird. Eine abschließende Diskussion befaßt sich mit dem Einfluß der Lagervorspannung auf die Lagertemperatur.

4. Zusammenfassung

Bei der Untersuchung einer Werkzeugmaschine findet man im Kraftfluß
vielfach ausgesprochene Schwachstellen und beim Betrieb der Maschine
kritische Arbeitsbereiche. Der vorliegende Bericht gibt einmal auf Grund
theoretischer und experimenteller Möglichkeiten an, beim Fräsen stabile
Arbeitsbereiche zu erzielen. Dabei wird eingehend der Schnittkraftverlauf beim Stirn- und Walzenfräsen verfolgt und die Auswirkung der periodischen Schnittkraftschwankungen auf das Arbeitsergebnis dargestellt.

Im zweiten Abschnitt werden Wege aufgezeigt, die zu einer Verbesserung
der statischen und dynamischen Eigenschaften des Systems "Spindel-Lagerung" führen.

Mit den vorgelegten Ergebnissen sind die Untersuchungen aber noch keineswegs abgeschlossen. Durch weitere Versuche ist ein tieferes Eindringen
in die Zusammenhänge erforderlich. Darüber hinaus scheinen noch Untersuchungen an weiteren Werkzeugmaschinenelementen notwendig.

Forschungsberichte des Wirtschafts- und Verkehrsministeriums Nordrhein-Westfalen

Literaturverzeichnis

Wechselkräfte und Schwingungen beim Fräsen

[1] PIEKENBRINK   "Wechselkräfte und Schwingungen beim Fräsvorgang"
Industrie-Anzeiger 1955, Nr. 62

[2] SCHRÖDER   "Die Bedeutung der Spandicke bei Walzenfräsern"

[3] KLEIN   "Der zeitliche Verlauf der Umfangskraft bei einem Walzenfräser"
Ing.Archiv 1937, S. 425

[4] KIENZLE   "Die Bestimmung von Kräften und Leistungen an spanenden Werkzeugmaschinen"
ZVDI 1952, Nr. 11/12

[5] SALOMON   "Zur Theorie des Fräsvorganges"
ZVDI 1928, Nr. 45

[6] OPITZ - SALJÉ   "Die Auswirkungen von Schwingungen auf Verschleiß und Standzeit an Drehmeißeln"
Industrie-Anzeiger 1954, Nr. 45

[7]   Dubbel Taschenbuch für den Maschinenbau
Springer - Verlag

[8] GUNSSER   "Drehschwingungsmessung an Fräsmaschinen"
5. Aachener Werkzeugmaschinen-Kolloquium 1952
Verlag Dr. W. Classen, Essen

Werkzeugmaschinenspindeln und deren Lagerungen

[1] KRUG   "Form und Federung bei Werkzeugmaschinen"
Werkstattstechnik und Werksleiter 1941, H. 11

__Forschungsberichte des Wirtschafts- und Verkehrsministeriums Nordrhein-Westfalen__

[2] KIEKEBUSCH — "Die Werkzeugmaschine unter Last"
VDI-Verlag Berlin 1933

[3] KRUG und SCHNEIDER — "Die technische Starrheit von Werkzeugmaschinen"
Werkstatt und Betrieb 1954, H. 2

[4] SALJE — "Die Werkzeugmaschine unter dynamischer Belastung"
Industrie-Anzeiger 1955, Nr. 27 u. 36

[5] HÖLKEN — "Ein Beitrag zur Schwingungsuntersuchung an Drehbänken"
Industrie-Anzeiger 1955, Nr. 62

[6] PIEKENBRINK — "Konstruktive Gesichtspunkte von Frässpindeln und deren Antrieb"
Industrie-Anzeiger 1956, Nr. 19

[7] PIEKENBRINK — "Die Starrheit von Arbeitsspindeln und deren Lagerung"
Industrie-Anzeiger 1956, Nr. 80

[8] ESCHMANN, HASBARGEN und WEIGAND — "Die Wälzlagerpraxis"
Verlag R. Oldenbourg, München 1953

[9] ALLAN — "Rolling Bearings"
Verlag Pitman & Sons Ltd., London, 1945

[10] PALMGREN — "Grundlagen der Wälzlagertechnik
Frank'sche Verlagsbuchhandlung, Stuttgart 1950

[11] MELDAU — "Einfluß der Lagerluft auf die Druckverteilung, die statische Tragfähigkeit und die Lebensdauer radial belasteter Wälzlager"
Konstruktion 4 (1952)

FORSCHUNGSBERICHTE DES WIRTSCHAFTS- UND VERKEHRSMINISTERIUMS NORDRHEIN-WESTFALEN

Herausgegeben von Staatssekretär Prof. Dr. h. c. Dr. E. h. Leo Brandt

MASCHINENBAU

HEFT 45
Losenhausenwerk Düsseldorfer Maschinenbau AG., Düsseldorf
Untersuchungen von störenden Einflüssen auf die Lastgrenzenanzeige von Dauerschwingprüfmaschinen
1953, 36 Seiten, 11 Abb., 3 Tabellen, DM 7,25

HEFT 136
Dipl.-Phys. P. Pilz, Remscheid
Über spezielle Probleme der Zerkleinerungstechnik von Weichstoffen
1955, 58 Seiten, 19 Abb., 2 Tabellen, DM 11,50

HEFT 147
Dr.-Ing. W. Rudisch, Unna
Untersuchung einer drehelastischen Elektromagnet-Synchronkupplung
1955, 82 Seiten, 65 Abb., DM 17,70

HEFT 183
Dr. W. Bornheim, Köln
Entwicklungsarbeiten an Flaschen- und Ampullen-Behandlungsmaschinen für die pharmazeutische Industrie
1956, 48 Seiten, 24 Abb., DM 11,70

HEFT 212
Dipl.-Ing. H. Spodig, Selm
Untersuchung zur Anwendung der Dauermagnete in der Technik *1955, 44 Seiten, 25 Abb., DM 9,80*

HEFT 295
Prof. Dr.-Ing. H. Opitz und Dipl.-Ing. H. Axer, Aachen
Untersuchung und Weiterentwicklung neuartiger elektrischer Bearbeitungsverfahren
1956, 42 Seiten, 27 Abb., DM 10,30

HEFT 298
Prof. Dr.-Ing. E. Oehler, Aachen
Untersuchung von kritischen Drehzahlen, die durch Kreiselmomente verursacht werden
1956, 50 Seiten, 35 Abb., DM 13,15

HEFT 384
Prof. Dr.-Ing. H. Opitz, Aachen
Schwingungsuntersuchungen an Werkzeugmaschinen
1958, 66 Seiten, 73 Abb., DM 20,40

HEFT 412
Prof. Dr.-Ing. H. Opitz, Aachen
Kennwerte und Leistungsbedarf für Werkzeugmaschinengetriebe
1958, 72 Seiten, 35 Abb., DM 17,20

HEFT 506
Prof. Dr.-Ing. W. Meyer zur Capellen, Aachen
Der Flächeninhalt von Koppelkurven. Ein Beitrag zu ihrem Formenwandel
1958, 74 Seiten, 26 Abb., DM 21,50

HEFT 533
Prof. Dr.-Ing. H. Opitz und Dipl.-Ing. W. Hölken, Aachen
Untersuchung von Ratterschwingungen an Drehbänken
1958, 70 Seiten, 44 Abb., 2 Tabellen, DM 19,70

HEFT 606
Oberbaurat Prof. Dr.-Ing. W. Meyer zur Capellen, Aachen
Eine Getriebegruppe mit stationärem Geschwindigkeitsverlauf
in Vorbereitung

HEFT 631
Dr. E. Wedekind, Krefeld
Der Einfluß der Automatisierung auf die Struktur der Maschinen und Arbeiterzeiten am mehrstelligen Arbeitsplatz in der Textilindustrie
1958, 86 Seiten, 34 Abb., DM 21,10

HEFT 667
Prof. Dr.-Ing. H. Opitz, Dipl.-Ing. H. de Jong, Aachen
Schwingungs- und Geräuschuntersuchung an ortsfesten Getrieben

HEFT 668
Prof. Dr.-Ing. H. Opitz, Dipl.-Ing. G. Ostermann, Dipl.-Ing. M. Gappisch, Aachen
Beobachtungen über den Verschleiß an Hartmetallwerkzeugen

HEFT 669
Prof. Dr.-Ing. H. Opitz, Dipl.-Ing. H. Uhrmeister, Dipl.-Ing. K. Jüstel, Aachen
Aufbau und Wirkungsweise einer Magnetbandsteuerung

HEFT 670
Prof. Dr.-Ing. H. Opitz, Dipl.-Ing. W. Backe, Aachen
Untersuchung von Kopiersteuerungen
in Vorbereitung

HEFT 671
Prof. Dr.-Ing. H. Opitz, Dr.-Ing. R. Piekenbrink, Dipl.-Ing. J. Bielefeld, Dipl.-Ing. K. Honrath, Aachen
Untersuchungen an Werkzeugmaschinenelementen

HEFT 672
Prof. Dr.-Ing. H. Opitz, Dipl.-Ing. H. Heiermann, Dipl.-Ing. B. Rupprecht, Aachen
Untersuchungen beim Innenrundschleifen

HEFT 673
Prof. Dr.-Ing. H. Opitz, Dipl.-Ing. H. Obrig, Dipl.-Ing. K. Ganser, Aachen
Die Bearbeitung von Werkzeugstoffen durch funkenerosives Senken
in Vorbereitung

Wir liefern Ihnen gern auf Anfrage die Verzeichnisse anderer Sachgebiete.

If you have any concerns about our products, you can contact us on
ProductSafety@springernature.com

In case Publisher is established outside the EU, the EU authorized representative is:
Springer Nature Customer Service Center GmbH
Europaplatz 3, 69115 Heidelberg, Germany

Printed by Libri Plureos GmbH
in Hamburg, Germany